【図解】

数学の世界

矢沢サイエンスオフィス 編著

ONE PUBLISHING

はじめに

純粋数学は芸術、応用数学は退屈?

本書は「数式のない数学の本」です。大半の記事にはただひとつの数式も出てきません。数学とは数式のことではないのか、そんな数学なら見たくもない、という人々を仮想的読者としています。しかしそのような人々にも、実際にはどこかで数学に興味を示さずにはいられない心理傾向があるように見えます。そこでこの冊子では、読み物としての数学、を試みることにしたのです。

数学はおおむね2つに大別できます。ひとつは「純粋数学」、いまひとつは「応用数学」です(左図)。

純粋数学は、人間があれこれ考える以前からこの宇宙に潜んでいた不可思議な数学的真実を探し出し、それがたしかに真実だと証明しようとします。ここで言う数学的真実とは、たとえば1+1=2とか、円の面積=半径×半径×3・1415…のように誰が見ても異論のないルールのことで、「定理」とか「公理」と呼ばれるものです。

こうした抽象的世界を追

「下手な数学者は純粋数学から出て来ないほうがいい」——エドガー・ダイクストラ(イギリスの計算機学者)

代数学

解析学

「数学はもっとも安価な科学だ。物理学や化学のような金のかかる実験装置はいらない。ペンと紙があればよいのだ」——ジョン・ポリア(アメリカの数学者)

作成/矢沢サイエンスオフィス

い求める純粋数学には、これといった目標も最終到達点もありません。純粋数学者は、自らの生命が尽きるときまで先へ先へと探求し続ける宿命を背負うことになります。そのためもあって、歴史に名をとどめた純粋数学者には、途上で精神疾患的な症状や行動を示すようになった人が少なからず存在します（127ページ参照）。

⬆「純粋数学は絵画や詩のようだ」と書き残したG.H.ハーディー。

「もしあなたが数学は簡単なものだということを信じないとしたら、それは人生の複雑さを知らないからにすぎない」
——ジョン・フォン・ノイマン（アメリカの数学者）

「応用数学などというものはない。数学の応用があるだけだ」——アンリ・ポアンカレ（フランスの数学者）

「神が存在するとしたら彼は偉大な数学者であるに違いない」——ポール・ディラク（イギリスの理論物理学者）

純粋数学

幾何学

論理学

数論

数理物理学

組合せ論

応用数学

統計学

数理経済学

コンピューター科学

力学系

アルゴリズム

オペレーションズ・リサーチ

ゲーム理論 etc.

純粋数学の学徒ではない読者や筆者がこの数学を追求しても、そこから得られる現世的利益はほとんどなく、おそらく一文にも1円にもなりません（一部の数学的職業人にとっては必須であり恩恵もあるでしょうが）。純粋数学を多少知っていれば、まわりの人々からちょっと感心されたり、「あいつは変わり者だ」と噂されるくらいの見返りはあるかもしれません。

他方の応用数学はこれとは大略、似て非なるものです。それは純粋数学の土台に支えられてはいるものの、必ずといってよいほど現実社会から利益を引き出すために学校で学ばれ、その後の社会生活で用いられる数学です。

20世紀はじめのイギリスの純粋数学者G・H・ハーディー（3ページ上図）は、「純粋数学は絵画や詩のようであり、応用数学は醜く退屈である」と言い残しました。大数学者のこうした言い草を聞くと、応用数学を学んでいる学生やそれを研究ツールとしている科学者や技術者、経済学者や統計学者などは面白くないに決まっています。

しかし気にすることはありません。ハーディーは純粋数学者であると同時に絵画や詩などの芸術に至高の価値をおいていた変人だったとか、あれは年老いて数学的能力の劣えを自覚した男の自虐であった、ですませればいいのですから。それにハーディーとは真逆に、「下手な数学者は純粋数学から外に出てこないほうがいい」とのたもうた高名な応用数学者エドガー・ダイクストラもいることです。とはいえ、ハーディーが純粋数学者としての半生を振り返って、「私は（現世に）役に立つことを何もなしていない」と言い残したところはなかなかの迫力ではあります。

実際には20世紀以降、純粋数学と応用数学は互いに多少は入り混じり、両者の間に明瞭な境界線を引きにくくなってもいます。しかしここでは純粋数学と応用数学を別ものと見るほうが話がわかりやすく、単純に面白そうではないでしょうか。

ヒマ人の数学と多忙人の数学

この冊子では、いま見た純粋数学と応用数学のうち前者の比重が高くなったようです。つまりその数学を知ることによって収入が増えたり出世したりという現世的利益を望む方向より、自らの知性や感性を刺激したいという人間の原初の知的欲求に応える方向に偏ったのです。

純粋数学は、自然界の観察や実験の結果を必要としません。その法則性を自然界にあてはめて検証する必要もありません。単に「絶対的真理の発見」しか目指していないのですから。それは定理や公理などの言わずもがなのルールの上に築かれるガラスの城、形容が不足だと言うなら水晶の城のようです。

対して応用数学は、観察や実験のデータを集めて解析し、そこから新たな法則性を見い出していくプロセスそのものです。科学や科学技術の世界はすべからくこの方法論が核心であり、もしこの方法論から外れる仮説・理論や主張を見かけたなら、それは〝非科学〟のレッテルを貼られることになります。科学や科学技術のために応用数学を行う者は、学び続け検証し続けねばならず、短い人生にヒマな時間など期待できません。

読者がいま見たような数学の原風景を頭に描いてからこの冊子をのぞいてみれば、それぞれのトピックがより身近に感じられるのではないでしょうか。

編著・矢沢　潔

【図解】数学の世界

目次

CONTENTS

パート4 ❄ 数学への近道

パート5 ✡「確率と統計」があなたをだます

パート1

まず幾何学から始めよ

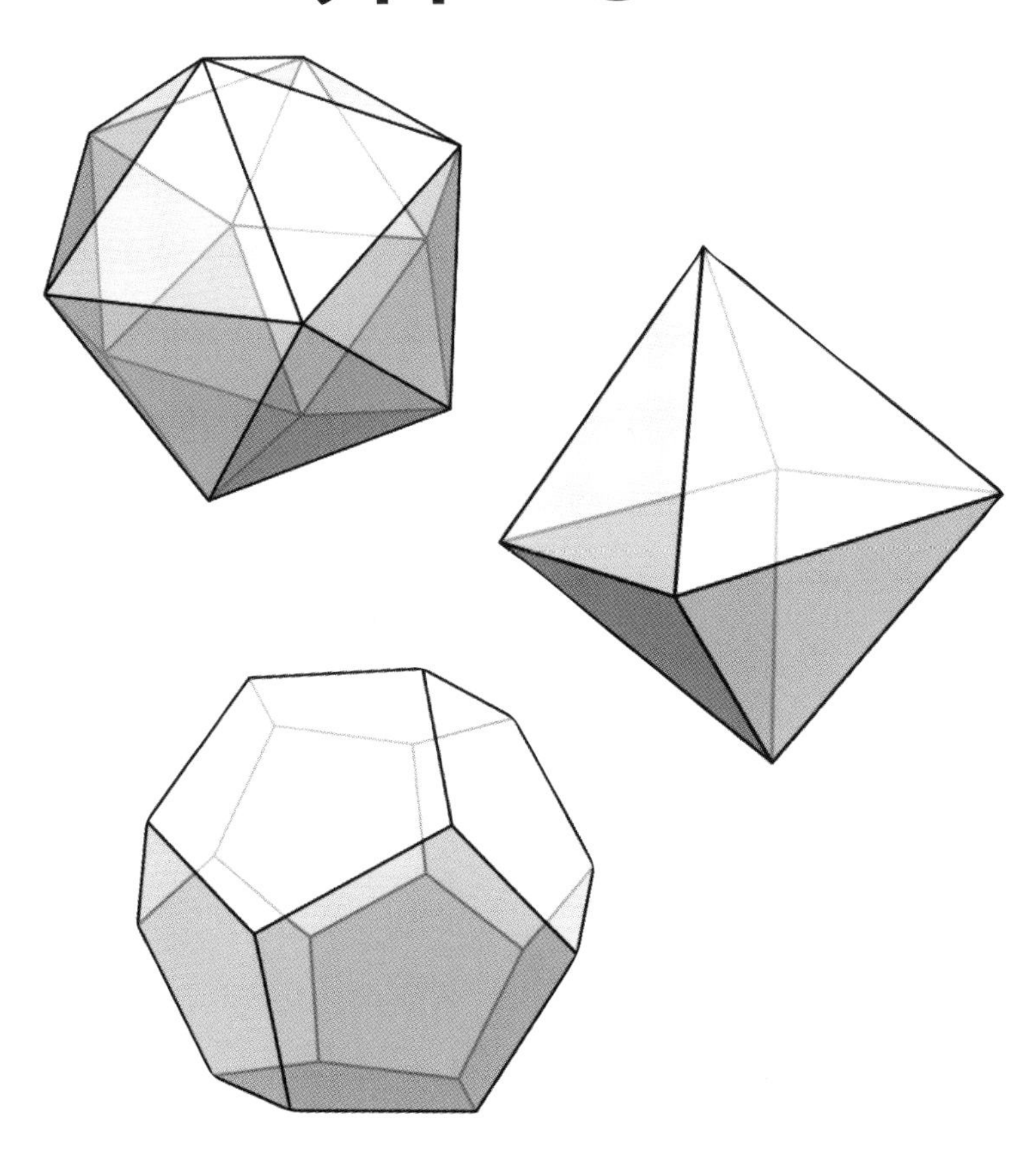

パート1

1

幾何学

「ユークリッド幾何学」って何？

面積を測ったら幾何学が始まる。3角形の角度を測ったら幾何学が前進する。誰もがはじめから多少は幾何学者である。

悪名高い「平行線の公理」とは？

幾何学は数学の始まりである。

人間の文明化が始まった数千年前、人々は土地の面積を測ったり、隣り村までの距離やその方角を調べたり、家を建てるときに寸法を測るなどが必要になった。生活の中でさまざまな〝**空間の測定**〟をくり返すうちに、人々の思考の中に幾何学的な見方が育っていった――

古代の人々の生活がこうして初期の数学として姿を現したのは、ギリシアやエジプト、メソポタミア、インド、中国（春秋戦国時代の諸子百家）などにおいてである。彼らは**それぞれ独自の幾何学を発展させた**。

だがそこにひとりの男が現れ、すべてを変えることになった。紀元前4世紀、エジプトで生きていたギリシア人**ユークリッド（エウクレイデス。図1）**である。もともと天文学者の彼は、多数の**「公理」、つまり言わずもがなの自明の理を組み合**

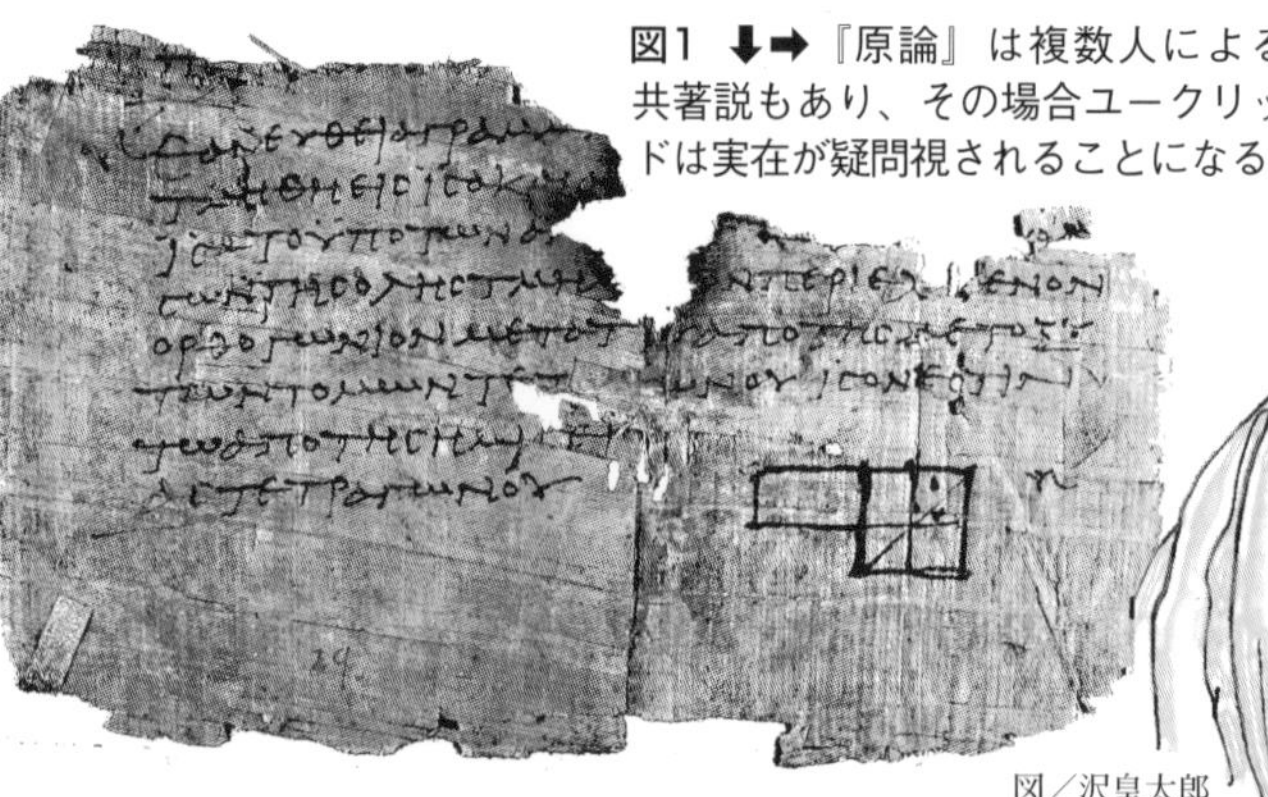

図1 ⬇➡『原論』は複数人による共著説もあり、その場合ユークリッドは実在が疑問視されることになる。

図／沢皇太郎

わせて幾何学の大系を構築し、それを**大著『原論』**にまとめたのだ。いまではさまざまな日本語訳や英訳、解説書などがあるので、読者は自らそれを読むこともできる。

『原論』は以後の数学の歴史上もっとも重要な書となった。ユークリッドと幾何学――彼の名とこの書を抜きにして数学を語ることはできない。ちなみにユークリッドは英語読み、エウクレイデスはギリシア語／ラテン語読みだが、ここでは誰もが覚えやすい英語読みにする。

ユークリッドは、**「公理」や「公準」なるもの（後述）を列挙する前に、まず点や線や面がどんなものかを定義し**た。次のようにだ。

「点には部分がない」「線は幅のない長さである」「線の端は点である」「面には幅と長さのみがある」「面の端は線である」「境界とは何かの端である」……後ろに行くほど長く複雑な定義が並ぶ。

こうして個々の要素の意味を明らかにした後、彼は

図2 5つの公理

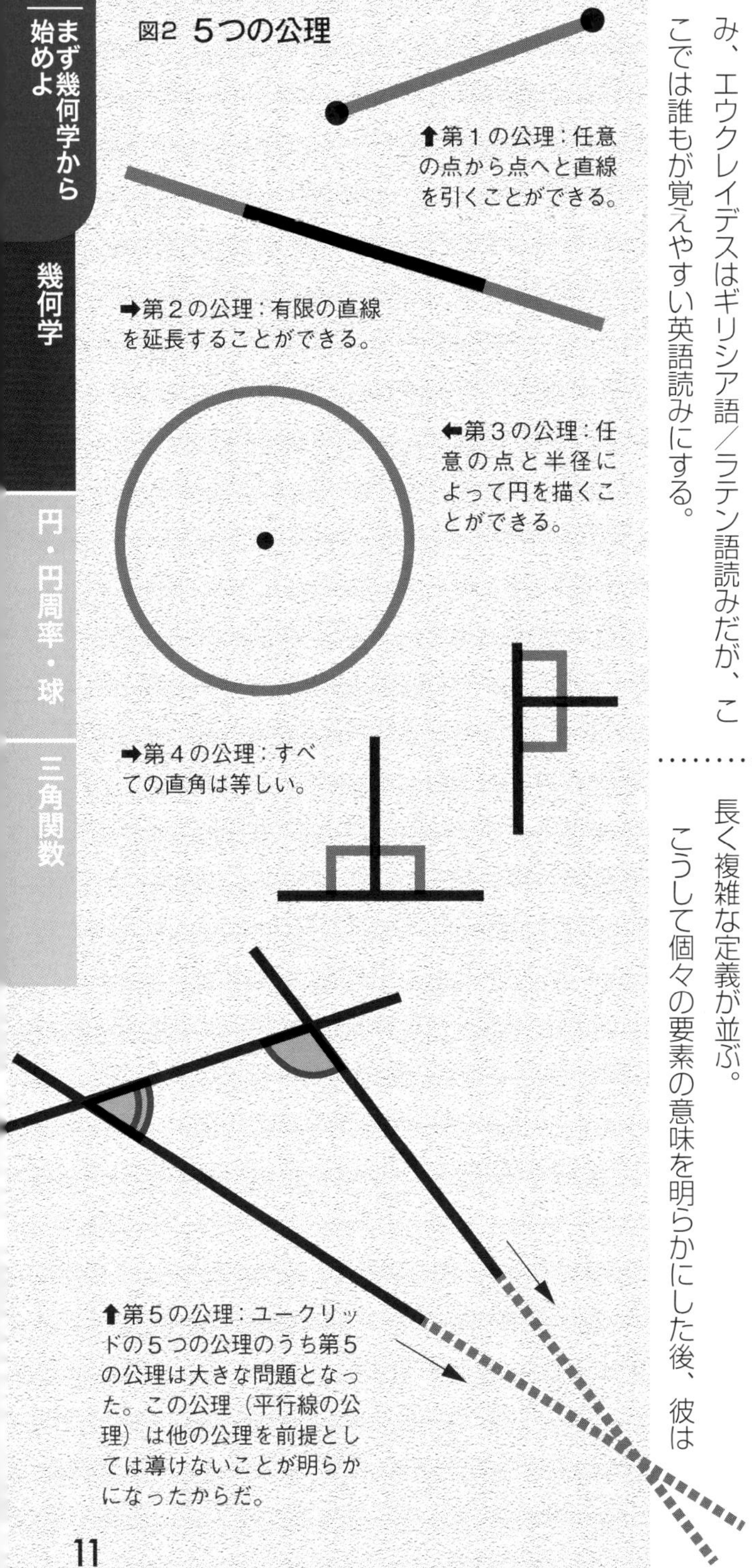

⬆第1の公理：任意の点から点へと直線を引くことができる。

➡第2の公理：有限の直線を延長することができる。

⬅第3の公理：任意の点と半径によって円を描くことができる。

➡第4の公理：すべての直角は等しい。

⬆第5の公理：ユークリッドの5つの公理のうち第5の公理は大きな問題となった。この公理（平行線の公理）は他の公理を前提としては導けないことが明らかになったからだ。

次の**5つを基本的公理**として書き並べた（11ページ**図2**）。

1／任意の点から点へと直線を引くことができる。

2／有限の直線を延長することができる。

3／任意の点と半径によって円を描くことができる。

4／すべての直角は等しい。

ここまでは誰も納得する。だが次の**5番目は問題**だ。

5／1本の直線が別の2つの直線と交わり、その一方の側の内角の和が直角の2倍より小さいとき、その2つの直線を延長すると同じ側で交わる。

この5番目は**「平行線の公理」**（図2下）と呼ばれて**当初から悪名高く、後世に大きな問題となるが、はるか後にはそこから新しい世界が生まれもする。**

ところで彼が列挙した公理や公準とは自明の理、つまり誰が見ても異論のないもののことだ。両者にはさしたる違いがないので同一に扱ってもよい。だが自明の理かどうかはしばしば人間の感覚に依拠するので、**公理や公準にどれほど厳密な意味があるかには疑問が残る。**ここではそれを真に受けるだけである。

ユークリッドはさらに、これらの**公理をもとに500近い「証明」を行い、そのひとつひとつを「定理」**と呼んだ（間違った証明も含まれている）。定理は公理と同等、ないしはその上に位置づけられる決定された幾何学的概念のことだ。たとえば「直角3角形をなす3辺のうちの2辺の長さがわかれば残り1辺の長さがわかる」といったものだ。誰もが中学校で習った「ピタゴラスの定理（三平方の定理）」（**図3**）と同じである。

当時すでにこれらの公理の相当数は他の数学者たちによって発見されていたが、ユークリッドが歴史的人物になったのは、彼がこうした**公理を総合して体系化した**ためだ。彼は個々の公理の発見者ではないが、〝公理的手法〟によってそれらを組み立て、幾何学という数学の発明者ないし建設者になった。

ちなみに幾何学は英語ではジオメトリー（geometry）、古代ギリシア語やラテン語ではジオメトリア（geometria）で、ジオは土地や大地や地球を、メトリアは測量を意味する。つまり土地測量術が語源である。

この点ではむしろ**日本語の「幾**

鋭角3角形

<90°

何学」の由来のほうが不明瞭のようだ。**東京学芸大学渡辺純成の研究**によれば、イエズス会が日本にもたらしたマテーマティカ（ラテン語の数学）は当初、その中国語訳を用いて幾何学と訳されていた。それが19世紀後半に、数学の一分野であるジオメトリーの訳語として使われるようになったという。

「平面幾何学」から「立体幾何学」へ

ところで、ユークリッドの発明になる幾何学が扱う点や線、面、角度などはみな、まっ平らな面の上の話だ。そこでこの幾何学すなわち**「ユークリッド幾何学」は、別名「平面幾何学」**とも呼ばれる。

しかし地球のような立体（球体）の表面は、平らな平面ではなく**曲がった平面つまり「曲面」なので、そこではユークリッド幾何学は困難に突き当たる。**

平面というと2次元のようだが、ユークリッドが3次元をまったく考えていなかったわけではない。彼は直交座標、つまり縦、横、高さというそれぞれ垂直な3本の軸が宇宙の果てまでずっと伸びているような広大無辺の3次元を考え

図3　三平方の定理（ピタゴラスの定理）

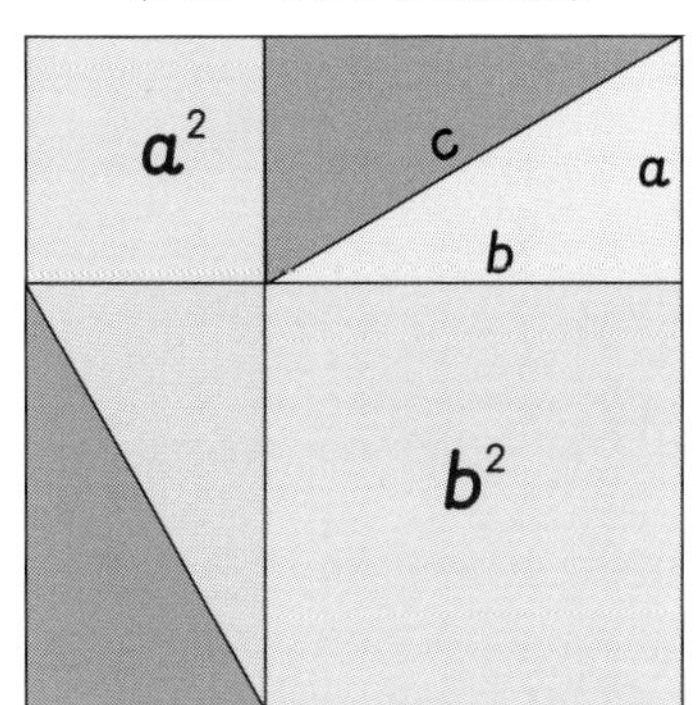

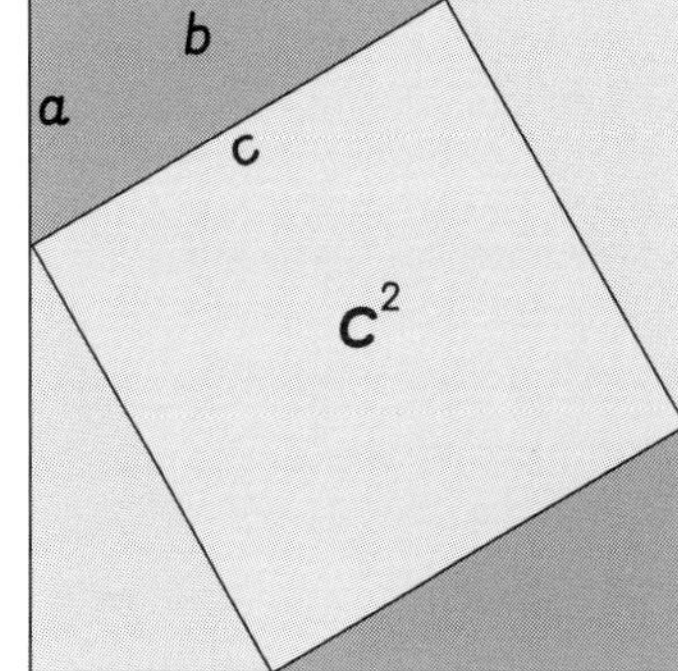

⬆直角3角形において斜辺の長さの2乗は他の2辺のそれぞれの2乗の和に等しいとするもの。上図と下図の面積は同じ、小さな3角形の面積も同じ。

図4　3角形の種類

2等辺3角形

鈍角3角形

$>90°$

正3角形

⬆同じ3角形でも辺の長さと内角の大小によっていくつかの種類に分けられる。

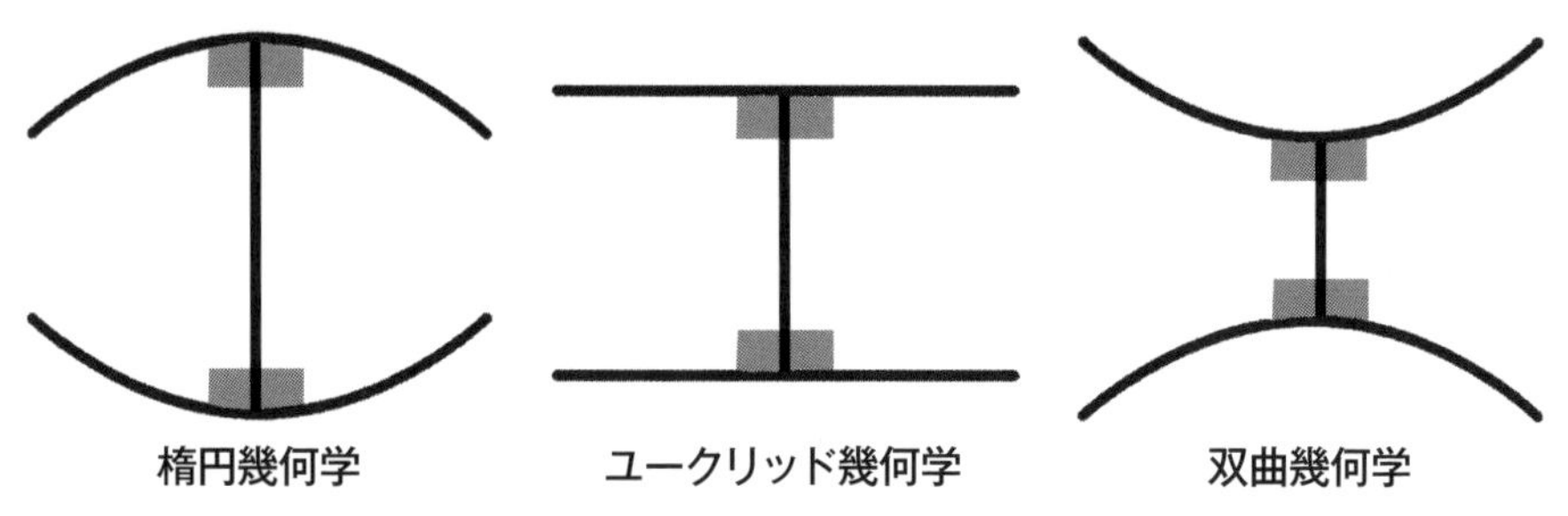

図5 ⬆3つの幾何学の違いを簡略化すると、これらの図のように表現できる。双曲線とは2つの点からの距離の差が一定の曲線。レーダー追跡やコンピューター科学で利用される。

ていた。だが、われわれの宇宙が実際に単純な直交座標で理解できるかどうかはわからない。**宇宙空間の形についての理論は仮説**の中の仮説だからだ。

　ともあれ、この問題が生じた原因――それは前記したユークリッドの5つの公理の中の5番目にあった。もう一度書くと、「ひとつの直線が別の2つの直線と交わり、その一方の側の内角の和が直角の2倍より小さいとき、その2つの直線を延長すると同じ側で交わる……」

　一読して何を言っているのかわからない（図2を見ればわかるが）。そこで同じ問題を別の角度から言い換えると、「**ある直線に平行で、かつ決められた点を通る直線は1本しかない**」となる。今度は小学生にもわかりすぎてばかにされかねないが、なぜこの公理が問題なのか？

　たとえばこの平行線の公理を逆転させると、「その点を平行に通る線は存在しない、または少なくとも2本以上の線が平行に存在する」ということにもなる。さらに「もし2本以上の線が存在するなら無数の線もまた存在する」と

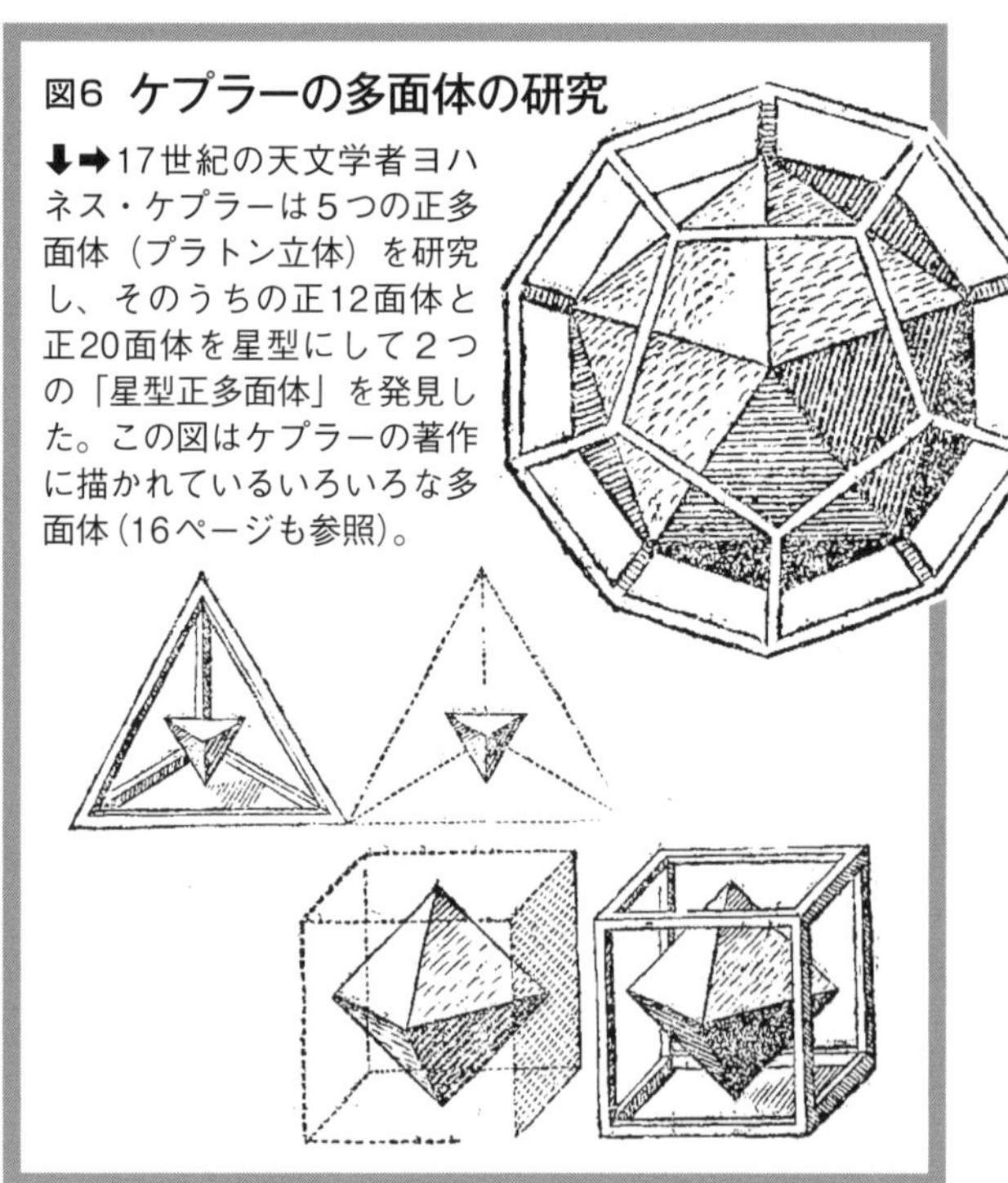

図6 ケプラーの多面体の研究

⬇➡17世紀の天文学者ヨハネス・ケプラーは5つの正多面体（プラトン立体）を研究し、そのうちの正12面体と正20面体を星型にして2つの「星型正多面体」を発見した。この図はケプラーの著作に描かれているいろいろな多面体（16ページも参照）。

なり、われわれの頭は混乱する。

相対性理論から11次元宇宙まで

そこで18世紀以降、ヨーロッパの数学者たちがこの公理の不確実性を乗り越える方法を懸命に探し求めた。そこに共通するのは、**問題の公理を脇において、残りの4つの公理で別の幾何学をつくる**ことであった。

そしてついに、ロシアのロバチェフスキー、ドイツのリーマン、ハンガリーのボーヤイなどの数学者が新しい幾何学を発見した。それはどれも先ほどの**ユークリッドの平行線の公理を除いた幾何学**なので「**非ユークリッド幾何学**」と呼ばれることになった。

非ユークリッド幾何学では、**ユークリッドの〝線〟が直線を意味していたところを〝曲線〟と解釈する。すると内側に曲がる線は楕円となり、外側に曲がる線は双曲線となる。**こうして、ユークリッド幾何学から**その子孫として「楕円幾何学」や「双曲幾何学」などの「3次元幾何学（空間幾何学）」が誕生**した（**図5**）。これらはどれも互いに矛盾してはいないので、結果的に幾何学の裾野を著しく広げることになった。

19〜20世紀、空間を図形として扱う幾何学はこうしていっきに発展した。アインシュタインは**一般相対性理論**を発見する過程で、幾何学的手法（リーマン幾何学、微分幾何学）を頭に浮かべたと認めている。また21世紀のいまでは、宇宙誕生についての宇宙論の分野で、幾何学を用いた**11次元の超ひも理論（超弦理論）**などの研究も行われている。

数学や科学の外にあるものの、〝幾何学的抽象〟と称する絵画や彫刻も、幾何学模様を表現素材としている（**図7**）。相対性理論から宇宙論、はては絵画彫刻に至るまで、もとをたどれば**ユークリッド幾何学の派生物**ということになる。●

図7 ⬆20世紀に入ると絵画や彫刻の世界にも幾何学が広がった。これはボスニア生まれのフランティセック・クプカの作品。
出典／プラハ国立美術館

ユークリッドの遺産「正多面体」

ユークリッドの『原論』第13巻には5つの正多面体（別名「プラトン立体」）についての記述（命題）がある。それは①すべての面が同一の正多角形で構成され、②すべての頂点において接する面の数が等しい立体である。5つとは以下に見る正4面体、正6面体、正8面体、正12面体、それに正20面体で、ユークリッドはこれ以外に正多面体はないと述べており、3次元空間における極限構造とされている。

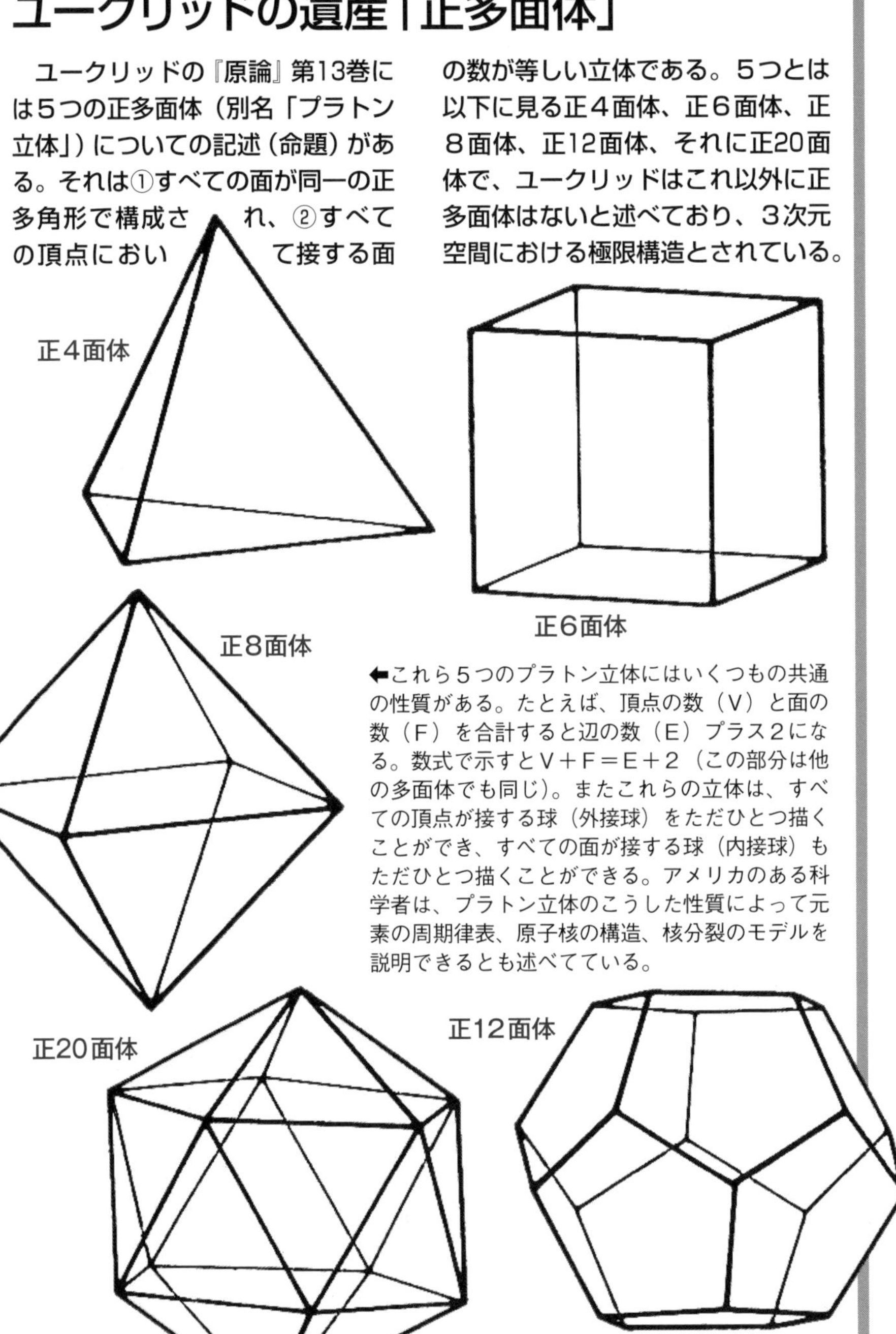

⬅これら5つのプラトン立体にはいくつもの共通の性質がある。たとえば、頂点の数（V）と面の数（F）を合計すると辺の数（E）プラス2になる。数式で示すとV＋F＝E＋2（この部分は他の多面体でも同じ）。またこれらの立体は、すべての頂点が接する球（外接球）をただひとつ描くことができ、すべての面が接する球（内接球）もただひとつ描くことができる。アメリカのある科学者は、プラトン立体のこうした性質によって元素の周期律表、原子核の構造、核分裂のモデルを説明できるとも述べている。

幾何学の行き着く先？

幾何学は一般に、線や面それに角度からなる平面や立体を扱うが、それらを限界まで拡張してもやはり幾何学の範囲内にある。下の立体はその極限の事例である。

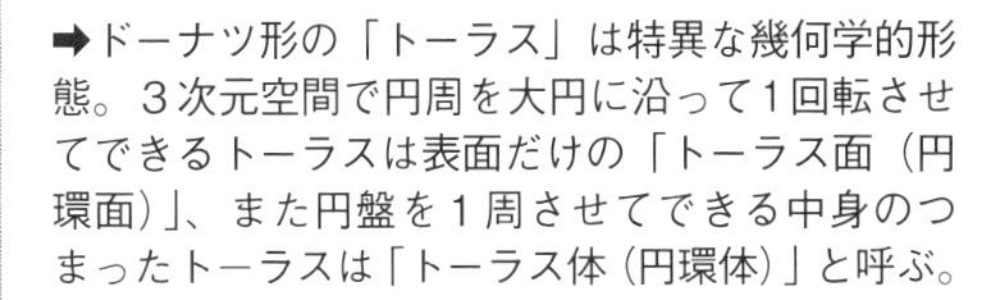

➡ドーナツ形の「トーラス」は特異な幾何学的形態。３次元空間で円周を大円に沿って１回転させてできるトーラスは表面だけの「トーラス面（円環面）」、また円盤を１周させてできる中身のつまったトーラスは「トーラス体（円環体）」と呼ぶ。

⬇この不可解な形は、物理学の最新理論である「超弦（超ひも）理論」が予言する６次元余剰空間の形。理論を提出した２人の物理学者の名をつけてカラビ=ヤウ多様体と呼ばれる。理論として成立している可能性があるとされるが、さしあたり実験や観測で確かめるすべはない。

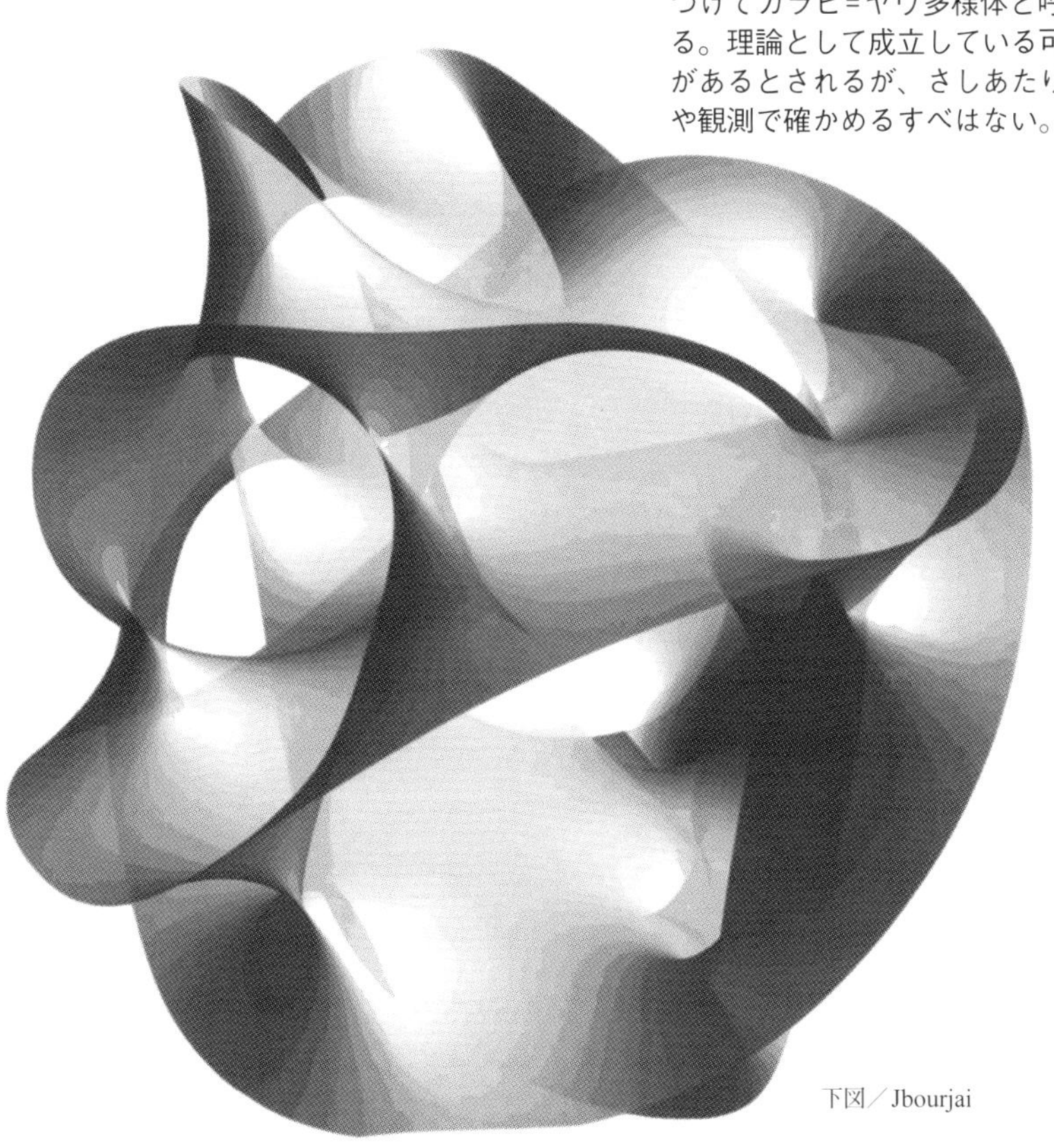

下図／Jbourjai

円・円周率・球

「円」「円周率」「球」のおかしな関係

円は、ただ1本の曲線によって内と外の空間を隔てている。閉ざされた空間と広大無辺の空間――読者はいずれの空間で生きているのか？

中心点と半径だけの世界

日本語の「円」にはいくつもの意味や使い方がある。世界の主要通貨のひとつと認められている**日本の通貨単位**（発音は〝イェン〟）、まん丸い形のデザイン、あるものの周辺を呼ぶときの〝あたり一円〟などという簡潔表現、穏やかな性格の人間を形容する円満という表現――円にはとがったり凹んだりしたところがないので、何ものをも許容して安心感を与えてくれる印象がある。

だがここで注目する**円は数学的な円**、厳密な円であり、**自然界にはもともと存在しない**。それは**人間が発見して定義した抽象概念**である。この定義による円とは、「**閉じた輪をつくる1本の線で、線上のすべての点が輪の中心点から等距離にあるもの**」（**図1**）ということになる。

中心から等距離になくてはこの定義にあてはまらないので、目視できないほどわずかに歪んでいてもそれは円ではない。楕円かせいぜい歪んだ円である。この宇宙、この自然界に完全な円は存在せず、人間の生み出した数学的概念以外のものではない。

前記のように円は線である。ここに、ある長さの1本の直線があり、それを徐々に曲げていって端と端をくっつける。すると輪ができる。つぎにこの輪が完全な円になるように各部分を調整する。線上のすべての点が中心点から等

図／International Correspondence Schools, Scranton, PA., USA

図1 円とは

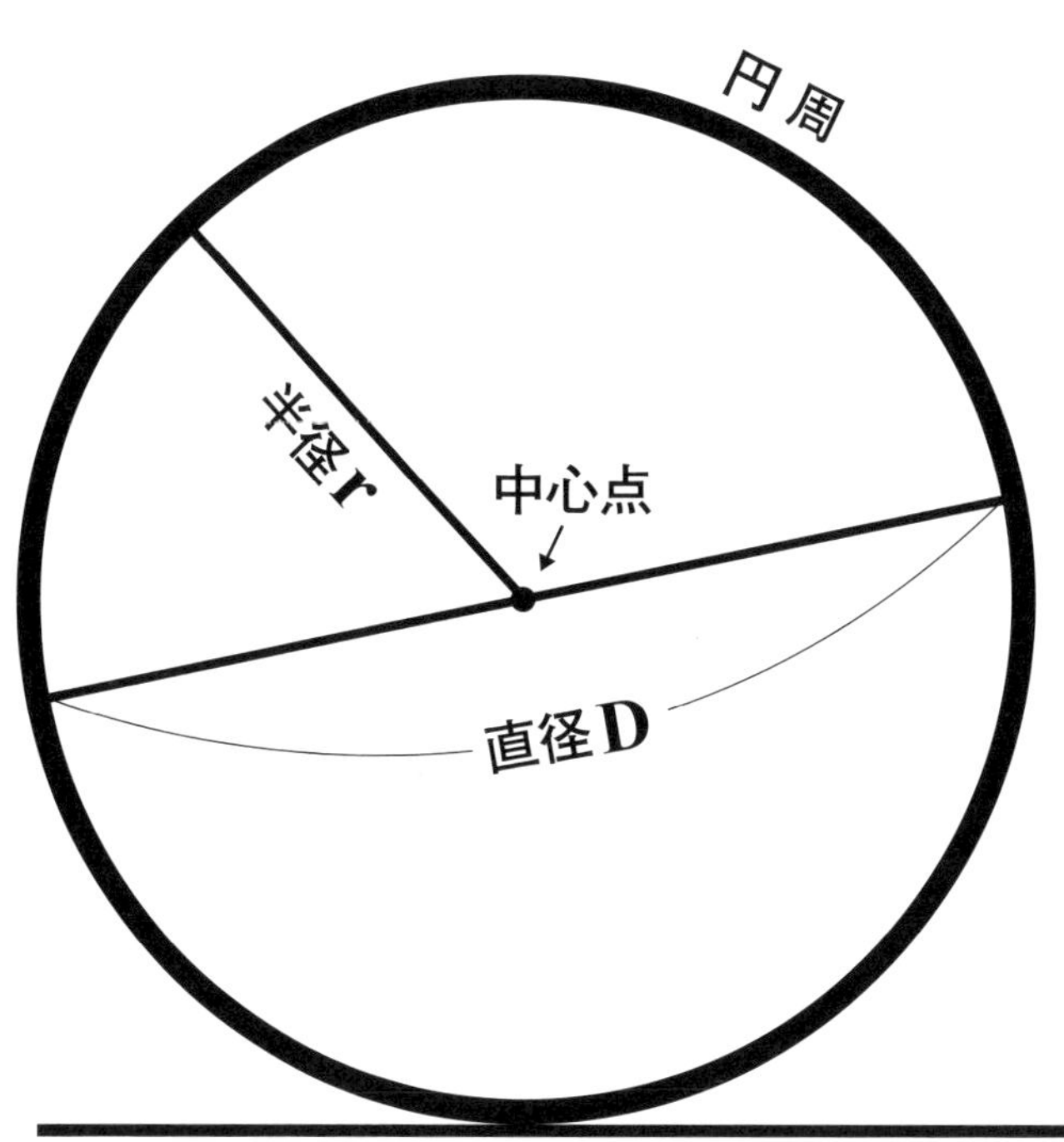

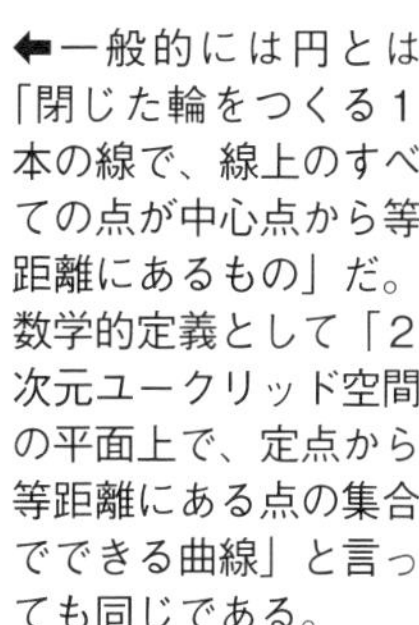
⬅一般的には円とは「閉じた輪をつくる1本の線で、線上のすべての点が中心点から等距離にあるもの」だ。数学的定義として「2次元ユークリッド空間の平面上で、定点から等距離にある点の集合でできる曲線」と言っても同じである。

距離になるように——これで円が出現する（コンパスを使えば簡単な話だが）。

　このとき生まれた**円の直径（記号D）**は中心点から円周上の各点までの距離**（半径：記号r）**の2倍であり、また**円周の長さは直径のパイ倍（パイ：記号π）**である。**パイは3・141592……これはあとで見る「円周率」**である。そして**円が囲んでいる部分の面積は、半径×半径×パイ**で計算できる。

　この円は〝円盤〟と混同されやすいが、それは互いに似て非なるものだ。**円は1次元の線なので、それ自体に面積も体積もない。**他方、円盤は平面の一部を切りとって生まれる面で、その周囲が円をなしている。こちらは2次元の面であり、面積をもっているところが1次元の円（線）とはまったく異なる。

円に潜む「日本の定理」？

　ちなみにこれまでの見方は誰もが直感的に理解できる図形の理論にそったもので、**「ユークリッド幾何学」**と呼ばれる古い見方と同じである（パート1の1参照）。

　古代エジプトの数学者ユークリッド（エウクレイデス）

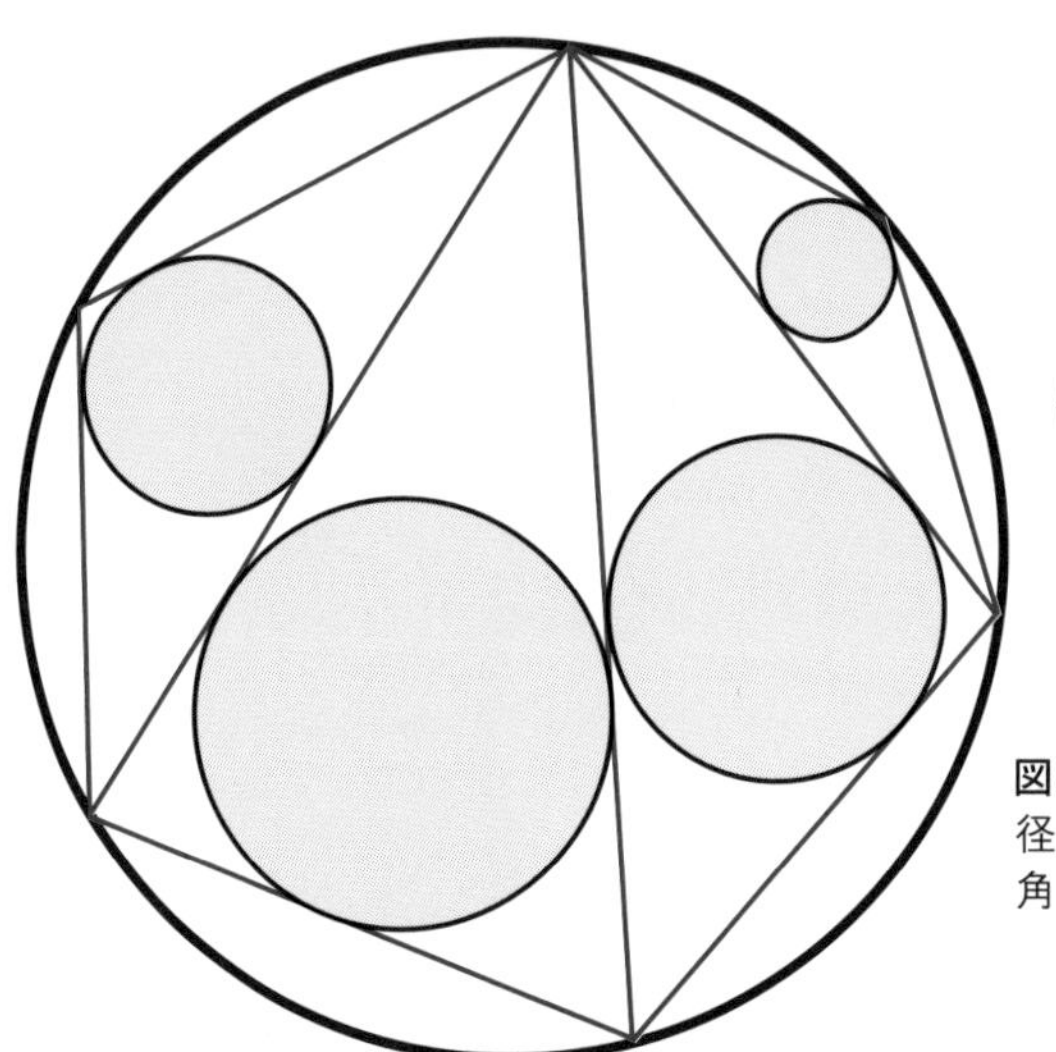

図3 ⬆「日本の定理」の一例。円に内接する（内側に接する）多角形のひとつの頂点を通る弦で分けられたすべての３角形に内接する円の半径の合計はどの頂点でも同じである。➡円の定理は他にも数限りなくある。たとえば４つの頂点が同じ円周上にあるどんな４角形（内接４辺形、共円４辺形）も、その向かい合う内角の和は180度であるというように。

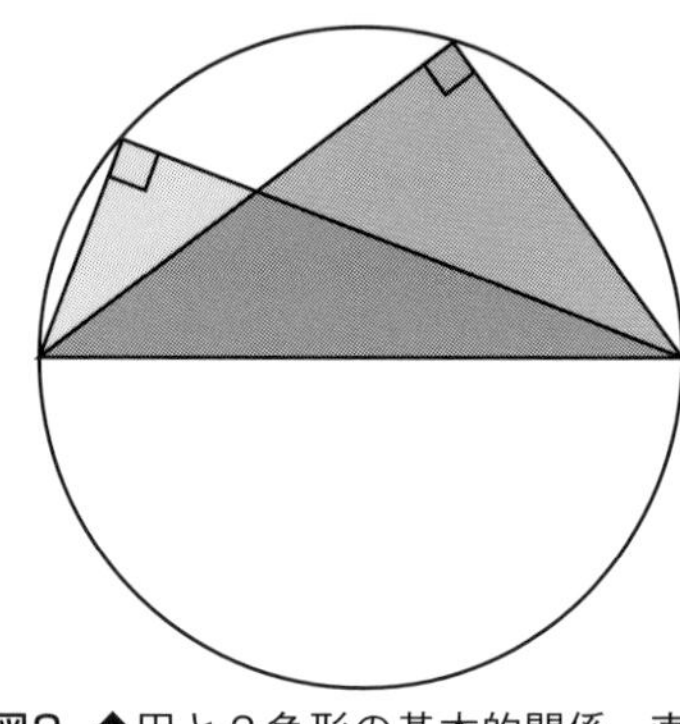

図2 ⬆円と３角形の基本的関係。直径を通る線がつくる３角形はつねに直角３角形となる（ターレスの定理）。

はいまから2300年も前に、彼以前の数学者たちの仕事を集大成して、こうした**図形の理論（＝幾何学）**を完成させ、『原論』としてまとめた。その後の世界のどんな数学者も科学者も彼の業績を踏まえて出発したのだから、彼は真の天才と言うべきかもしれない。読者も「**線は幅のない長さである**」「**線の端は点である**」などという彼の〝驚くべき発見〟に負けない新発見にチャレンジしてはどうだろうか。

　ただしユークリッドにはさきほど見た〝距離〟という言葉や概念はなく、彼はそれをプリミティブに〝長さ〟と呼んでいた。他もしかりである。

　ところで、一見単純な形の**円は、不可解かつ興味深い性質の宝庫**である。それらは円のもつさまざまなエピソードとして知られている。たとえば「内接円」「外接円」「円の接線」「ターレスの定理」「五点円定理」「六点円定理」「フォードの円」など円がもつエピソードは数十に及ぶ。なかには「**日本の定理**」とわが国の国名がついているものもある。読者が自らこれらを調べてみれば、興味がずっと深まるかもしれない（**図2、3、4、5**）。

　たとえば、もっとも単純な事例であるターレスの定理

図4 ⬇ある条件をもつ「フォードの円」はすべて、基準線と他の円に外接させることができる。図の最大の円の直径を1とすると、他の円の直径はいずれも1を整数の2乗で割った数値。アメリカの数学者レスター・フォードにちなむ呼称だが、古い和算（日本独自の数学）にも登場する。

図／Michael Hardy

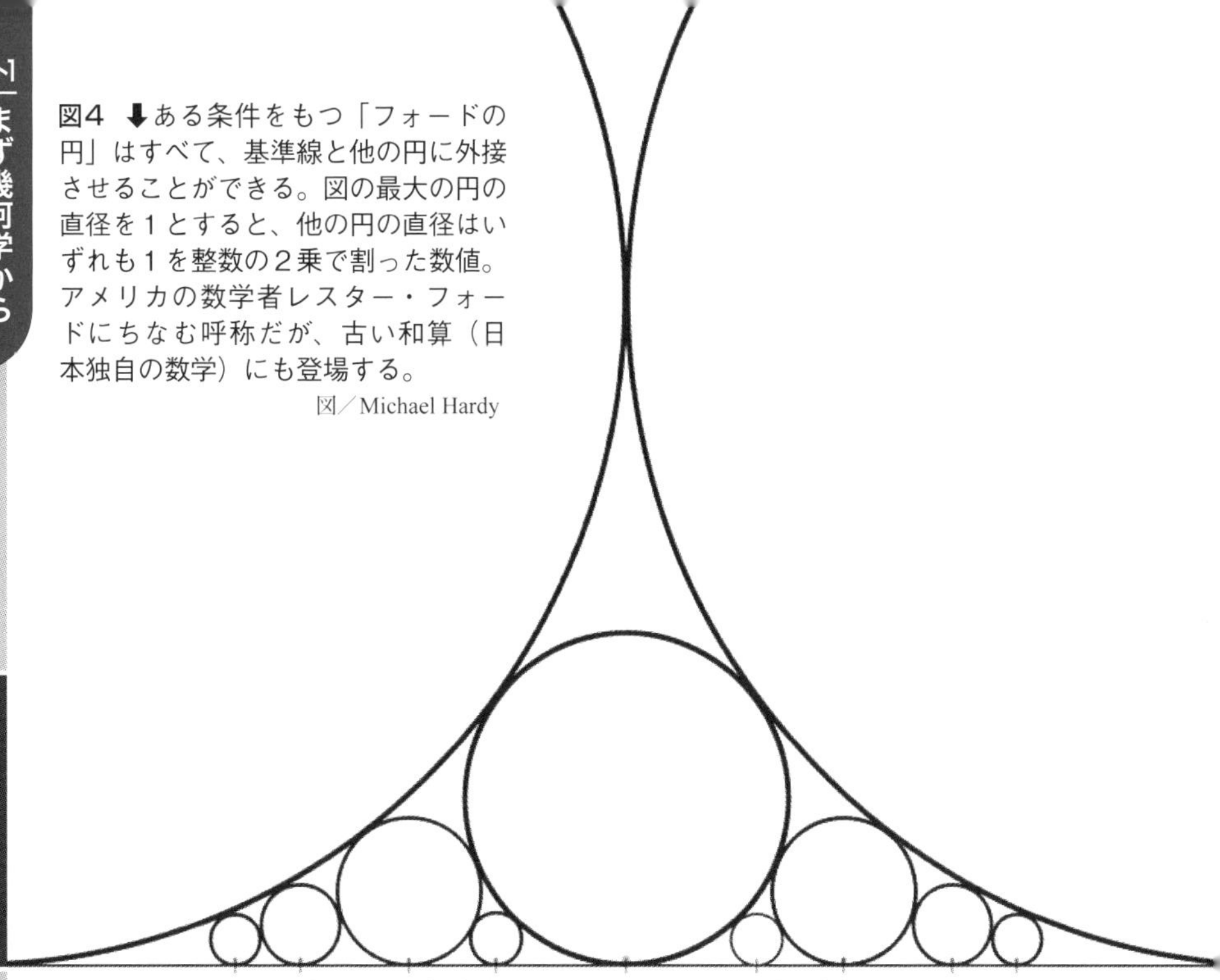

（古代ギリシアの哲学者ターレスにちなむ）とは、**「円に内接してその直径を1辺とする3角形を描くと、他の2辺がつくる角度はつねに90度である」**（図2）というものだ。この例にすでに円の性質が典型的に現れている。他の事例はもっと複雑であり、もっとも複雑なものになると見る者の頭がパニクって、円にひそむ暗い深淵をのぞいたと思わずにはいられない。

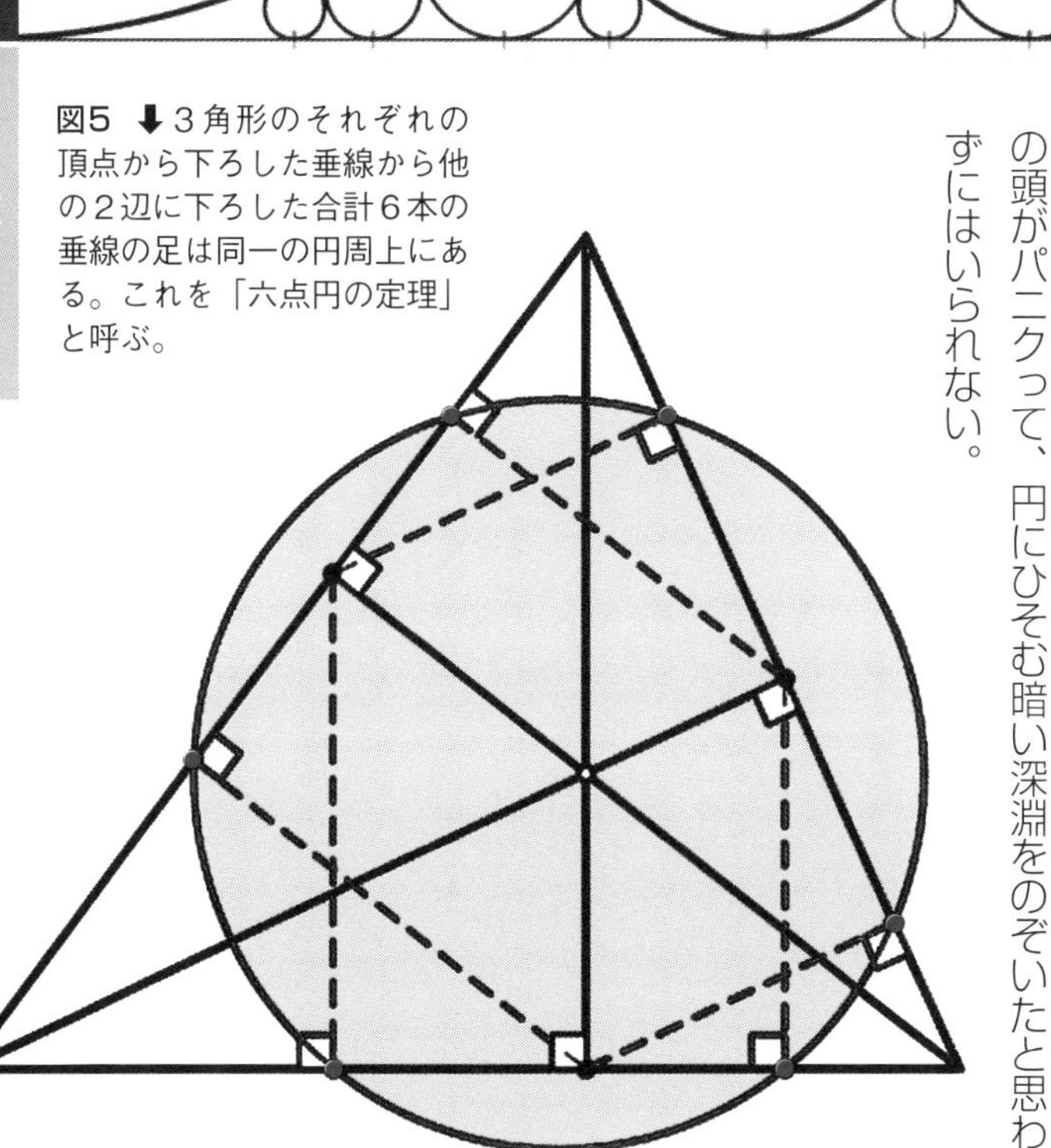

図5 ⬇3角形のそれぞれの頂点から下ろした垂線から他の2辺に下ろした合計6本の垂線の足は同一の円周上にある。これを「六点円の定理」と呼ぶ。

図7 **球の体積**

$$\frac{4}{3}\pi r^3$$

「**球は3次元空間における球体の表面である**」。つまり球は中身のない面にすぎず、他方バレーボールのような球形の物質は3次元の物体ということになる。

この球には、アルキメデスが発見したとされる固有の性質がある。たとえば**球をスパッと切ると（どこを切ろうと）、切り口は必ず円**になる（**図6右**）。端のほうを切るほどその円は小さくなり、また球がその外側で別の面と接すると、そこは点になる。そして直径を通る線で切ると、切り口の面積は最大になる——

球の体積を求めるのはちょっと面倒だが、さきほどの円の面積の求め方を拡張すればよい。平明に書くと、**半径×半径×半径×パイ（π）×4/3**ということになる（**図7**）。

円と同様、球も幾何学的な概念なので、それを現実の物体としてつくることはできない。しかし似たものならできる。たとえばシャボン玉である。重力がはたらく地球上ではつぶれたものしかできないが、**宇宙の無重量空間に出ればほぼ完全な球状のシャボン玉**が生まれると見られている。シャボン玉が小さければ小さいほど、理論的に球の完全性は高まるはずだ。

自動車などの回転構造をもつ機械に使用されているボールベアリングの製造技術でも、完全な球に近い球体がつねに追求されている（**図8**）。これらは2次元の球と3次元の球の境界が溶け合う世界である。

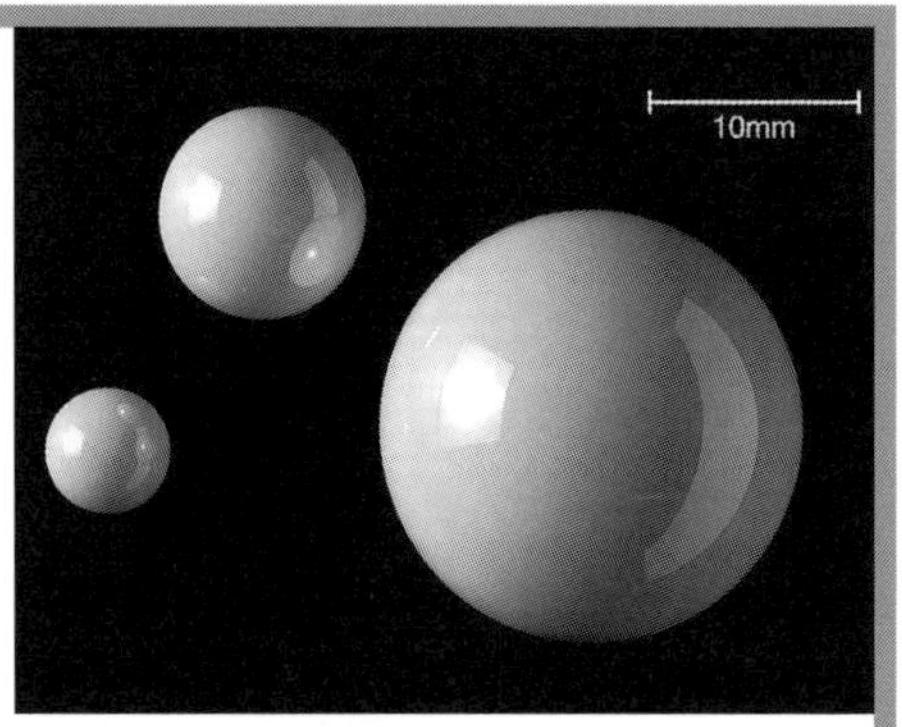

図8 ⬆機械の回転構造に使用されるボールベアリングの実物。回転摩擦を最小にするためつねに完全な球体が追及されている。

図／Lucasbosch

30兆桁を超えても止まらない「円周率」

そこでここでは、円にまつわるいまひとつの性質に注目する。それは前記した「円周率」である。

日本人ならこの円周率をまったく知らないという人はあまりいないはずだ。初等教育で習うのだから。小中学校ではパイは3・14とか目的に応じて3と習うらしい。これは覚えやすくするために思い切って丸めた数値だが、たしかに一般的にはこの程度で十分に用が足りる（昔の中学生や高校生はたいてい3・141592くらいまでは暗記していた）。

だが数学的に厳密に言うとこれらはどれも最終回答ではない。というのも、正しく答えられる人はどこにもおらず、数学者にも答えられないのだから。

3次元ではなく「2次元の球」？

1次元の円と2次元の円周率に注目したので、その延長上にある「**球**」（**図6左**）にも目を向けておこう。ここで言う球（球体）は、バレーボールや野球のボールのように中身のある物体でなく、内部がからっぽの形のことである。日本語では同じ言葉をさまざまな意味に用いるので混乱しやすいが、この球は幾何学で定義される球（英語の“スフィア”）のことだ。

それにしても球には奥行きや体積がありそうに見えるので3次元と思われがちだが、この球は2次元の面である。というのもその定義が「**ある点から一定の距離にある（無数の）点の集合体**」とされているのだから。わかりやすく言えばボールの“曲がった表面”であり、厚さもなければ中身もない。これをユークリッド幾何学で定義すると次のようになる。

図6 ⬆球は完全な球（球体）の表面、つまり3次元空間における2次元の曲がった面のことだ。➡球を切ると、どこを切っても円が現れる。

左図／MarinaVladivostok

究極の追跡者は日本人女性

円周率はずいぶん単純な概念のように見えるが、事実はそうではない。**正しい円周率は、3の後ろの小数点以下に意味不明の数字がどこまでも並ぶ**からだ。とりわけ問題は、**そこに並ぶ数字にどんな規則性も反復性もなく**、これといった傾向も見られないことだ。そのため、どこまでだらだら続くのか見当もつかない。

そこで世界のあちこちで、その行きつく先を見きわめようとする物好きや変人奇人が登場することになる。もっとも最近その課題に取り組んで世界のニュースになったのは、意外にも日本人女性である。

そのニュースによると、アメリカのグーグル社で働く岩尾エマはるかという女性エンジニアが2019年にある報告を発表した。彼女は同社のクラウドコンピューティングを使って**円周率の小数点以下を31兆4000億桁目まで追跡**し、世界記録を立てたという。だが彼女もコンピューターも根負けして（?）、それより先には進まなかったらしい。

31兆桁目がたとえ40兆桁目でも割り切れない円周率はだれが何のためにつくり出したのか――答はどこにもなさそうである。**円周率は、この宇宙が消滅するまで追い続けても到達できない〝無限桁〟**であることがすでに証明されているのだ。

ともあれこのことからある結論は導くことができる。それは、円周率は**宇宙がその内部に閉じ込めている数、すなわち「定数（数学定数）」**であり、それは人間の手の届くところにはないということだ。

「数学定数」は永遠に不変？

科学の世界、とりわけ数学や物理学の世界をのぞくと、しばしば「定数（コンスタント）」と呼ばれるものにぶつかる。それは文字通り宇宙開闢の瞬間から定められていたのだから、その**理由を説明することはできない**。あれこれ言わずに覚えておきなさい――というものだ。

ただし、物理定数は自然界の〝量〟を決めており、将来その量の定義や測定技術が変わればいくらか変化する可能性がある。他方の**数学定数は〝数〟なので、未来永劫変わらない**。正しい円周率が将来、小中学生が覚えやすいよう

美しければ黄金比?

人間の目にもっとも安定して美しく見えるとされる長方形の縦横（全体の長さ：長い部分の長さ、および長い部分の長さ：短い部分の長さ）の比率を**黄金比**と言い、絵画や建築物などに頻繁に現れる（下図は、設計上の意図か偶然か、黄金比によって建造されたと見られるギリシアの**パルテノン神殿**の正面図）。その比は近似的に**1対1.618（約5対8）**で、黄金律、外中比、黄金分割などとも呼ぶ。

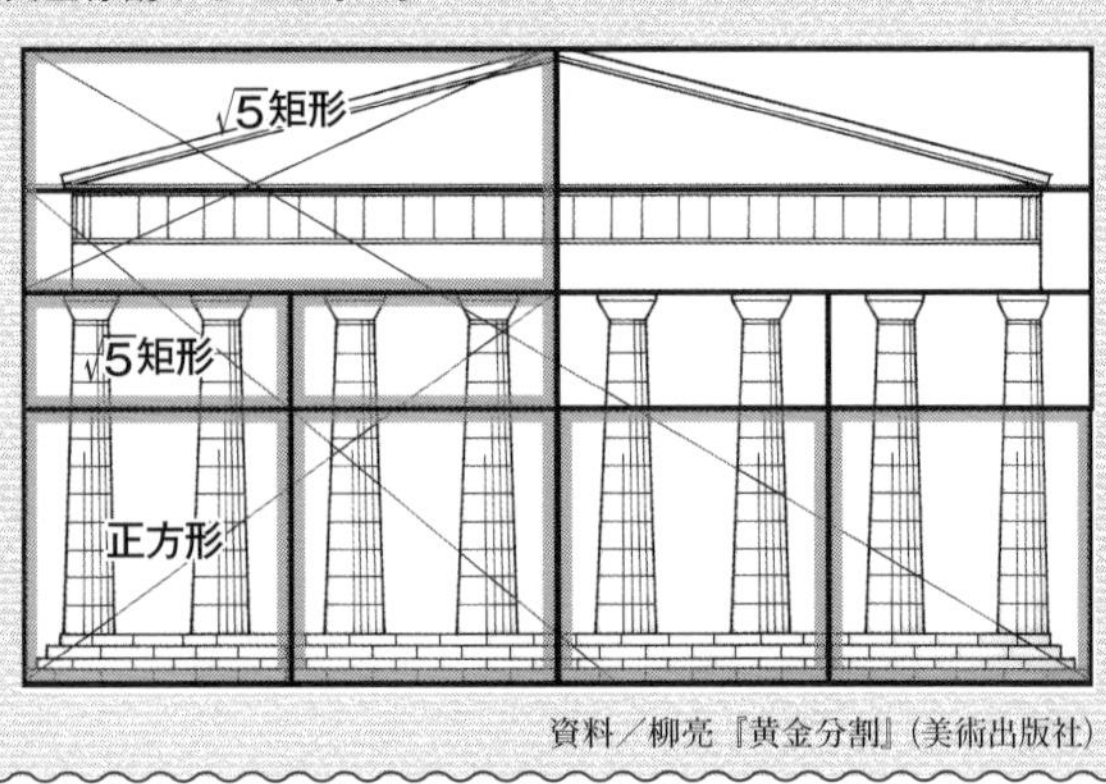

資料／柳亮『黄金分割』（美術出版社）

に3や3・14になったりはしないのだ。

数学の定数にもいろいろあり、それらはみな、歴史に名を残した数学者たちがそのつど自然界の中から発掘ないし発見したものだ。円周率π以外に誰もが知っている数学定数に、ゼロなどがある。

図9 火星に軟着陸しようとする探査機。薄い大気の中をゆっくり降下するために用いられるパラシュートの設計には円周率が重要になるという。
想像図/NASA

円周率で人間が火星に軟着陸する日

円周率は知識としては面白いが、実生活で何の役に立つのかと思う人もいるかもしれない。

しかし円周率はただの数学的知識や興味の対象ではなく、われわれの生活に深く関わっている。物理学に頻繁に登場するだけでなく、円や円柱構造を用いる**あらゆる建造物や橋や道路、船舶などの設計・建造に不可欠**であり、その意味では日常的に用いられている知識である。

NASA(アメリカ航空宇宙局)は宇宙探査でも円周率を用いた計算が行われていると公表している。たとえばこれまで火星の地上には何基もの地上探査機が着陸しているが、すべての探査機は、非常にうすい大気の中をパラシュートを開いて空気抵抗をブレーキとして減速しながら高度を下げていく(**図9**)。このとき使用するパラシュートの直径を決定する際には円周率の計算が不可欠だという。将来、人間が有人火星飛行を実施するときのパラシュートの設計にも、当然のように円周率が活躍するに違いない。●

パート1 3

三角関数

習ってもすぐに忘れた「三角関数」

最初の疑問――「三角関数」はいったい何のための数学か？　答――それは長さや距離を測る簡単で便利なツールである。

伸び縮みする影の「三角関数」

昔から子どもたちが屋外で親しんできた鬼ごっこの一種に〝影踏み鬼〟〝影鬼〟などと呼ばれる遊びがある。鬼が逃げる相手の影を追いかけるだけの単純で健康的な遊びだ。

ところがこの遊びを昼休みの学校のグラウンドでするのは難しい。正午前後の時間帯は太陽の位置が高いため影が短く、鬼が走り回って脚を伸ばしても相手の影はすばやく逃げてしまう。しかし日が傾く夕方になると鬼にチャンスがやってくる。影が長く伸びるからだ。

太陽の高さと影の長さの変化――ここにすでに「**三角関数**」が始まっている。太陽光に照らされた子どもとその影が3角形（直角3角形）をつくるからだ（**図1**）。このときできる**3角形の形は、子どもの身長が高くても低くても同じ**――数学でいう「**相似形**」――となる。そして、このような**3角形の辺の長さ（辺長）と角度の関係を扱う分野が三角関数**である。

われわれは誰でもたいてい「サイン、コサイン、タンジエント」という言葉だけは覚えているので、ここでそれらの意味をもう一度思い出してみることにする。

まず「**サイン**」とは、3角形の高さ（身長）と斜辺（太陽光が子どもの頭上を通って地面に届くまでの距離）の比である。ちなみにサインは日本語で**正弦**とも言う。このとき太陽を見上げる**角度（ギリシア文字θ：シータで表す）**

図1 影踏み鬼

⬆太陽に照らされた子どもとその影は、どれも相似の3角形をつくる。身長と影の比はタンジェント。　図／十里木トラリ

図2 三角関数の覚え方

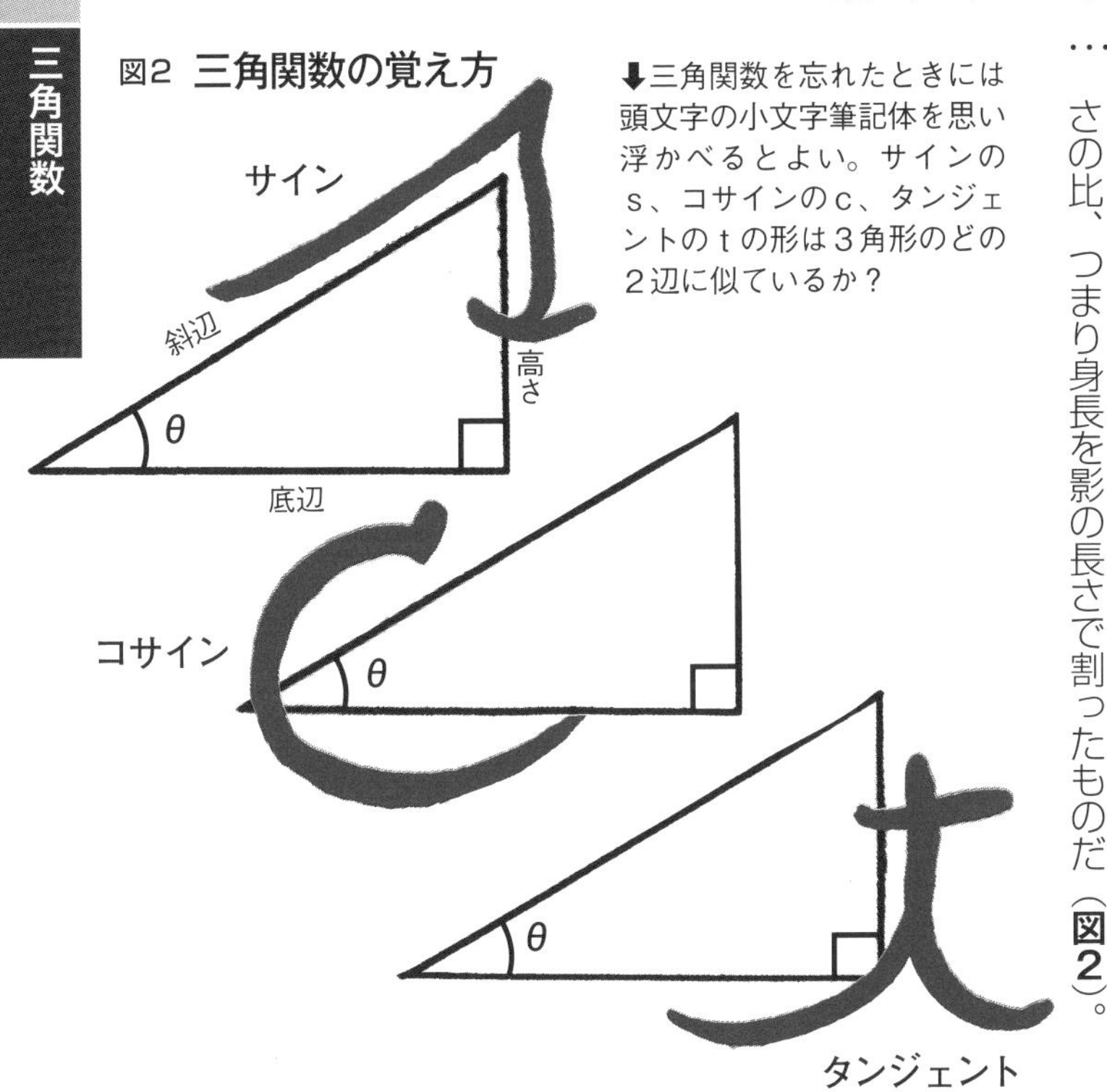

⬇三角関数を忘れたときには頭文字の小文字筆記体を思い浮かべるとよい。サインのs、コサインのc、タンジェントのtの形は3角形のどの2辺に似ているか？

が同じなら、サインはつねに同じ値となる。子どもの背が高くても低くてもサインは変わらない。

一方の「**コサイン（余弦）**」は影の長さを斜辺で割ったものだ。そして「**タンジェント（正接）**」は身長と影の長さの比、つまり身長を影の長さで割ったものだ（**図2**）。

三角関数は古代エジプトに始まる長い歴史をもっている。さきほどの用語のうちのサインはサンスクリット語の〝弓の弦〟に由来する。日本語で正弦と呼ぶように、弓に張られた弦（つる）は矢をつがえる前にはぴんと張っており、上半分が3角形にも見える。

ギザの大ピラミッドの高さを測る

紀元前6世紀のミレトス（現トルコ）に**ターレス**という哲学者がいた。彼はもともと商人で、ギリシアやエジプトを行き来しながら自然科学の知識を得ていた。自分でも幾何学を研究し、太陽や天体の動きから日食を予測し、さらには海上航行に必要な気象も記録し続けた。

彼は機を見るに敏で、あるときは翌年のオリーブ豊作を予測し、オリーブの圧搾機をあらかじめ買い占めた。記録的豊作となったオリーブの収穫後、彼は圧搾機を売ったり貸したりして大もうけした。他方彼は、何かに興味をもつと執拗に観察する傾向があり、空を見上げたまま歩いて溝に転落したこともあったという。

ターレスはあるときエジプトで「自分はピラミッドに登らずに高さを求めてみせる」と公言した。**クフ王のピラミッド**、別名**ギザの大ピラミッド**は、かつては高さ147m（いまでは10mくらい低くなっている）と世界一の建造物であった。地上36階建ての霞ヶ関ビルと同じだ。

ターレスは広場に人を集めて実演を始めた。まず棒を地面に立て、**棒の長さと太陽がつくる棒の影を測り、2つの長さの比**を求めた。そして**この比を用いてピラミッドの影の長さから高さを逆算**した（**図3**）。タンジェントを使ったのだ。

このような巨大なものを測るには三角関数は非常に便利である。長さを直接測定せず、角度を利用して長さを逆算できるからだ。とくに平面図形のイロハのイである「**正弦定理**」（**図4**）を使えば、三角関数の数値を知らなくても3角形の辺の長さを求めることができる。

横浜の大観覧車が生み出すサイン波？

横浜のみなとみらい地区には日本最大級の観覧車「コスモクロック21」（30ページ**図5**）がある。高さ112.5mで夜間も運転しており、時計回りに15分ごとに1回転しながら打ち上げ花火や万華鏡などの光のショーも見せている。この**観覧車のゴンドラの動きに三角関数が隠れている。**

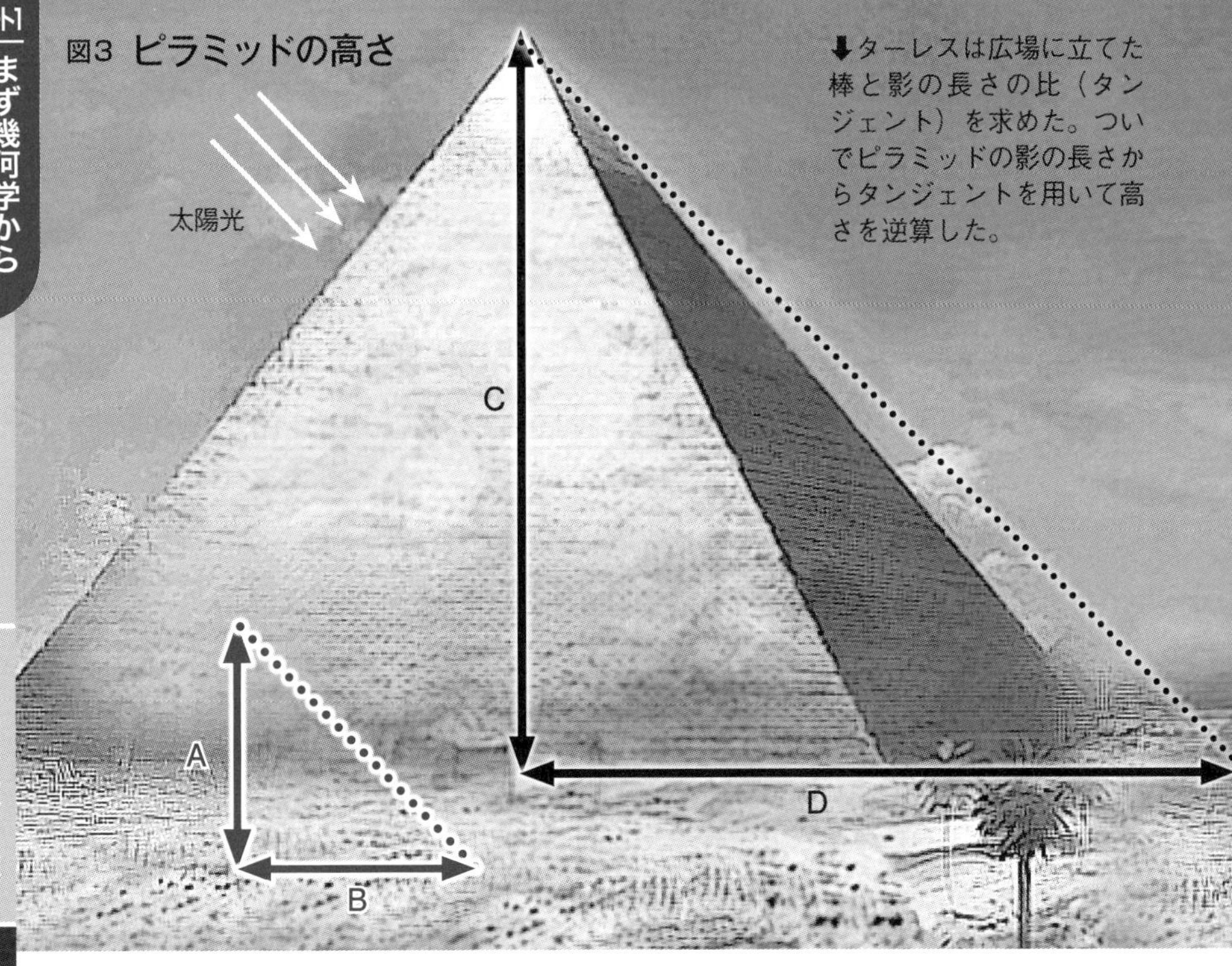

図3 ピラミッドの高さ

⬇ターレスは広場に立てた棒と影の長さの比（タンジェント）を求めた。ついでピラミッドの影の長さからタンジェントを用いて高さを逆算した。

もしひとつのゴンドラだけが光を放っているなら、それを**観覧車の横方向に立って観覧車を見ていれば、光は波のように上下運動（振動）する**はずだ。そこで時間の流れとともに振動するさまを記録すればゆるやかな波が生まれる（**図6**）。このような波は三角関数の**サインの変化を表す波で、「サイン波（正弦波）」**と呼ばれる。

観覧車を地上から見上げながら光の動きを追っても同じような光の動きを観察できる。これは「**コサイン波（余弦波）**」である。

だが、観覧車のどこに〝3角形〟があるのか?

観覧車の中心（回転軸）からゴンドラまでの長さを3角形の斜辺と考えると、中心の位置とひとつのゴンドラのある時点の高さの差が3角形の高さとなる。またゴンドラの位置に水平線を引くと、そこから中心軸までの距離が3角形の底辺の長さとなる（**図6左**）。

図4 正弦定理

B
55°
a
c
50°
C
75°
A
b

⬅「正弦定理」は3角形の各辺と向かい合う角（対角）の関係を表すシンプルな定理。辺と対角のサインの比（$\frac{a}{\sin A}$、$\frac{b}{\sin B}$、$\frac{c}{\sin C}$）はどれも等しい。3角形の周囲に円を描くと、これらの比は直径に等しくなる。

観覧車の正面から見ていると、平たく背の低い3角形が徐々に背の高い3角形になり、ゴンドラが頂上をすぎると一転して3角形の左右の向きが逆転して、今度は背が低くなっていく。さきほどは時間の変化に対してサイン波を表したが、同じ波をゴンドラの位置を示す角度（θ：シータ）に対して描くこともできる。

サイン波とコサイン波の形は同じだ。単にコサイン波が90度分進んでいるだけである。これは、直角3角形を横倒しすれば底辺と高さが入れ替わった別の3角形になる状態を想像すればすぐにわかる。数学ではこうした変化を「**位相が90度異なる**」と言う。ここで位相（フェイズ）とは波の位置のことだ。

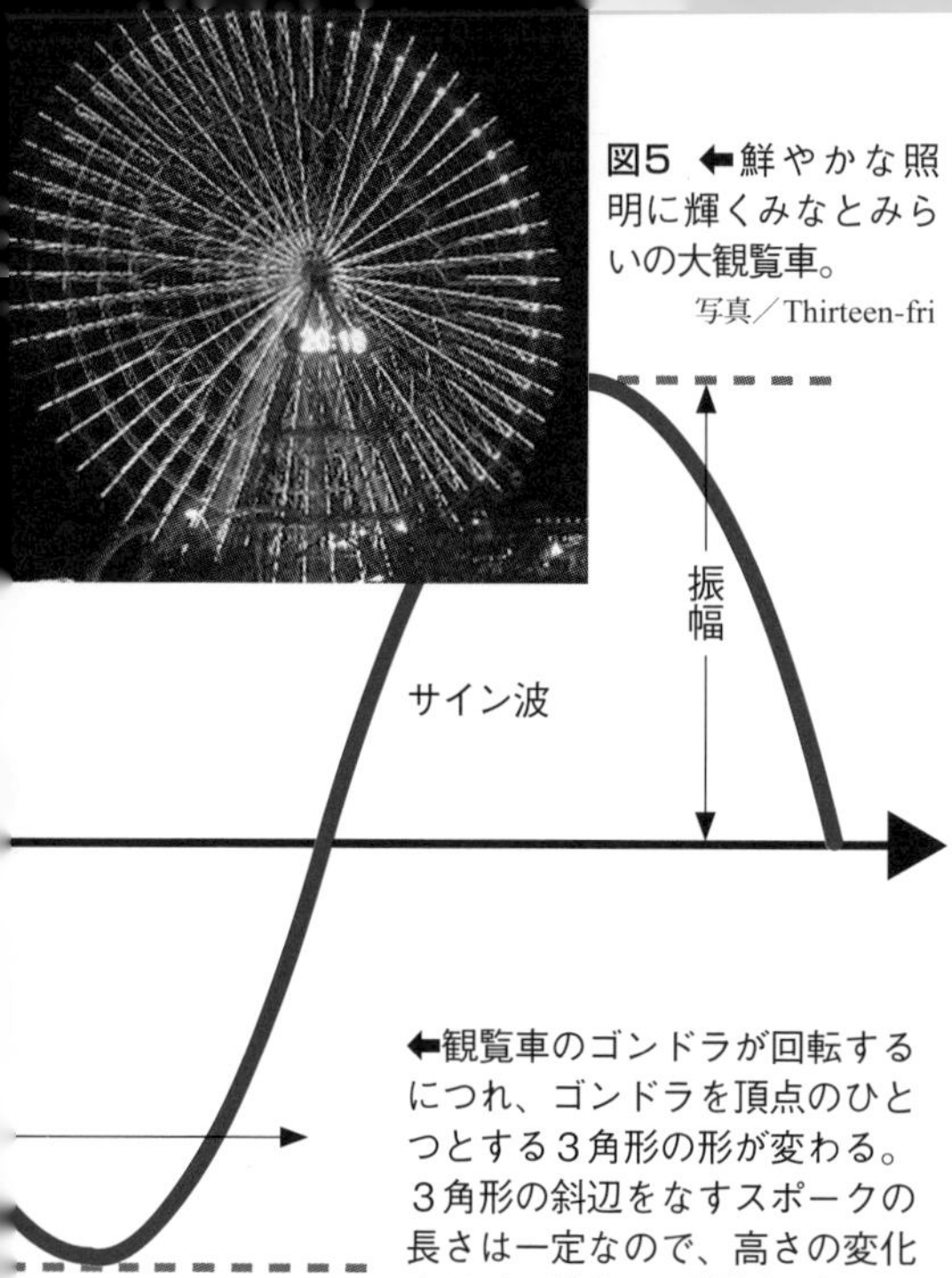

サイン波は何であれ回転するものにはついてまわる。回転する車輪の一点の縦の動きをグラフにすればサイン波になる。発電所から送られる**電気（交流電流）もサイン波**である。2018年の北海道の地震では、ほぼ北海道全域の停電（ブラックアウト）が起こった。原因は送電システムを流れる電流のサイン波に〝ずれ〟が起こったためとされている。★1 **振り子のゆれやバネの伸縮運動などもサイン波**で描くことができる。

このサイン波は数学だけでなく、物理学や工学、自然現象の観測などでも大きな役割を果たしている。

図5 ⬅鮮やかな照明に輝くみなとみらいの大観覧車。

写真／Thirteen-fri

振幅

サイン波

⬅観覧車のゴンドラが回転するにつれ、ゴンドラを頂点のひとつとする３角形の形が変わる。３角形の斜辺をなすスポークの長さは一定なので、高さの変化をサイン波として観測できる。

健康と頭脳労働によい暑さ？

楽器の音色はさまざまだ。トランペットは金属的な高らかな響きを、フルートはふわりと包み込む音を発する。ピアノの音は澄んで遠くまで伝わり、バイオリンの高い音は鋭く低い音はまろやかに聞こえる。エレキギターは刺激的な強い振動音を生み出す。こうした楽器の音は空気の振動

図6 観覧車から生まれるサイン波

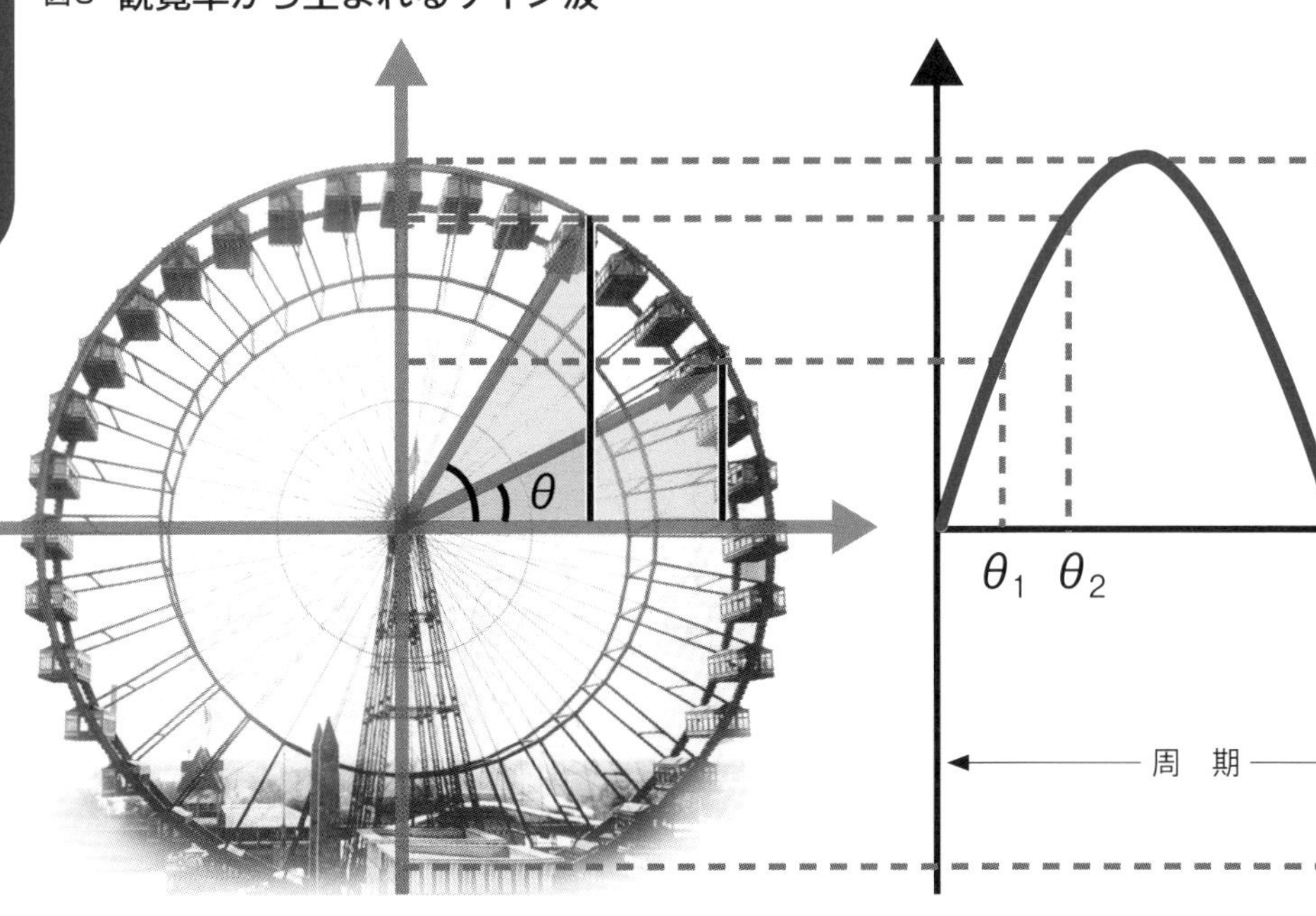

として伝わる。そこで各楽器の音の振動を波で表すと、どれも異なる複雑な波形となる。

こうした音の**波はすべて、サイン波の重ね合わせ**によって目に見えるように示すことができる。波長の長い波や短い波をいくつも重ね合わせると、こうした複雑な波形が生まれるのだ。

この性質を19世紀にはじめて発見したのはフランスの数学者**ジョゼフ・フーリエ**。彼は「健康と頭脳労働には暑いほうがよい」とする信条の持ち主で、**真夏でも体にぐるぐると布をまきつけて生活した**というが、そのためか熱に興味をもち、熱に関する著書の中でこれを発表した。

「すべての波はサイン波の重ね合わせ」を数学用語で言えば、「**あらゆる関数はサイン波の和である**」となる。当時の数学者は、どんな複雑そうに見える関数もサイン波に還元できるなどとは信じなかった。だがまもなく別の数学者

★1 発電タービンは発電量と消費量が一致しないと回転数（＝交流電流の周波数）が変わる。北海道の地震では発電量が急減して供給不足となり、稼働中のタービンの回転数が低下して交流電流のサイン波が伸びた。このとき発電タービンは過大な負荷を避けるため、自動で電力供給網から切り離される。その結果、すべての発電機が供給網から芋づる式に切り離され、電力の供給が完全にストップした。

★2 **フーリエ変換** より正確には周期的な波をサイン波の重ね合わせで示すことを「フーリエ級数展開」という。これを周期的でない波にも拡張して角度表示に変えることがフーリエ変換、時間表示の場合はフーリエ逆変換。広義にはすべてまとめてフーリエ変換と呼ぶ。

がフーリエの発見の完全な証明を行って発表した。複雑な波をさまざまな周波数のサイン波の重ね合わせへと分解する手法――これはいまでは「フーリエ変換」[★2]と呼ばれている。

自然界のあらゆる波がシンプルなサイン波の重なりに書き換えられるなら、この手法で、原理的に、**物理現象の隠れた特徴**を見いだすことができる。たとえば日本人に身近な**地震波をフーリエ変換**すれば、どんな断層がどうずれたかなどの**原因究明**に近づけるかもしれない。

人工衛星がとらえた画像も、いったんフーリエ変換を行って周波数ごとに分ければ、ノイズの除去や画像の強調などを行うことができる。**画像や音楽のデータ圧縮・解凍**などにもフーリエ変換は欠かせない。フーリエ変換は現代生活に不可欠になっているのである。

今後の火星探査でもフーリエ変換が用いられる。2020年にヨーロッパ宇宙機関（ESA）とロシアは**火星探査機エクソマーズ**を打ち上げる。この探査機は火星の表面を深さ2mまで掘削して土壌成分を調べる予定だが、その測定器もフーリエ変換を用いる。火星の地上はかつて液体の水が大量に存在する温暖な環境だったと見られ、生命が存在した可能性もある。つまり**三角関数によって火星の生命が発見されるかもしれない**のである。

3角形という図形から生まれた三角関数は、いまでは回転する円や波、さらには多種多様な関数へと進展し、自然界のあらゆる現象をおおう奇妙な関数へと変貌している。●

変わりたがらない三角関数

微分と積分は数学嫌いの人にとっては鬼門とされている（70および76ページ記事参照）。しかし三角関数の微分と積分だけはちょっと違うはずだ。

微分は、まるめていえば曲線の傾きとその変化である。たとえば直線を微分すれば水平の線になるし、xの3乗（x^3）が入った方程式なら放物線になる。これらは微分されると自分とは別の存在に変わってしまう。だが三角関数は変わったりはしない。

サイン（sin θ。θは角度）を微分して現れるのはコサイン（cos θ）だ。たしかにサイン波の頂点（最大値）の傾きは0、つまり水平で、波の途中では傾きが大きくなる。これを見ると、傾きの変化を図にすればコサインになりそうである。

ではコサインを微分したらどうなるか？　それはマイナスサイン（－sin θ）である。さらにサインを積分するとマイナスコサイン（－cos θ）になり、コサインを積分するとサインになる。これらは波の始まる場所が違う（位相が異なる）だけで、どれも同じものだ。**三角関数の微分や積分は自分自身をちょっとずらすだけ**なのだ。

パート2

「数」って何?

パート2
1

自然数、整数、ゼロから負数、有理数、無理数、虚数へ

なぜ〝いろいろな数〟があるのか?

数には、読者がふだんあたりまえに用いている数もあれば、数学や自然科学の学徒でもなければ無用の長物でしかない奇妙な数もある。自然数、ゼロ、整数、分数、負数、有理数、無理数、虚数、複素数等々――

これらの呼称や定義が**役に立つか無用かは、個々人の生活スタイルや興味によって変わってくる。**同じ数にかくも多様な種類がある理由――それは、その多くが数学のさまざまな問題を理解したり解きやすくしたりするための〝ツール〟として考え出されたからだ。

そこで以下に、おもな数の意味や性質を、ありふれたものから始めてめんどうなものへと進みながら簡単に見ていくことにする（**図1**）。

自然数

自然数にはなぜゼロが含まれないのか?

まず数の基本である「自然数」は、誰もがすぐに思い浮かべる数、つまり1、2、3、4とどこまでも続く数である。この数は**無限に数えることができ、何の制約もルールもない。**われわれは日常的に加減乗除、つまり足したり引いたり、あるいはかけたり割ったりするときにもほとんど自然数を用いている。

自然数を最初に数学的に使用したのは紀元前3000年頃のバビロニア（いまのイラク南部）だとされている。ただしそこでは、自然数にゼロ（0）は含まれていなかった。なぜか?

古代の人々が数を数える必要が生じたのは、たとえば飼っている羊の頭数を知るためだった。わが家の羊が盗まれていないかを確かめるには、毎日夕方には「1頭、2頭、3頭、4頭……」と数えねばならない。だがこのとき決して「0頭、1頭、2

図1 いろいろな数の種類

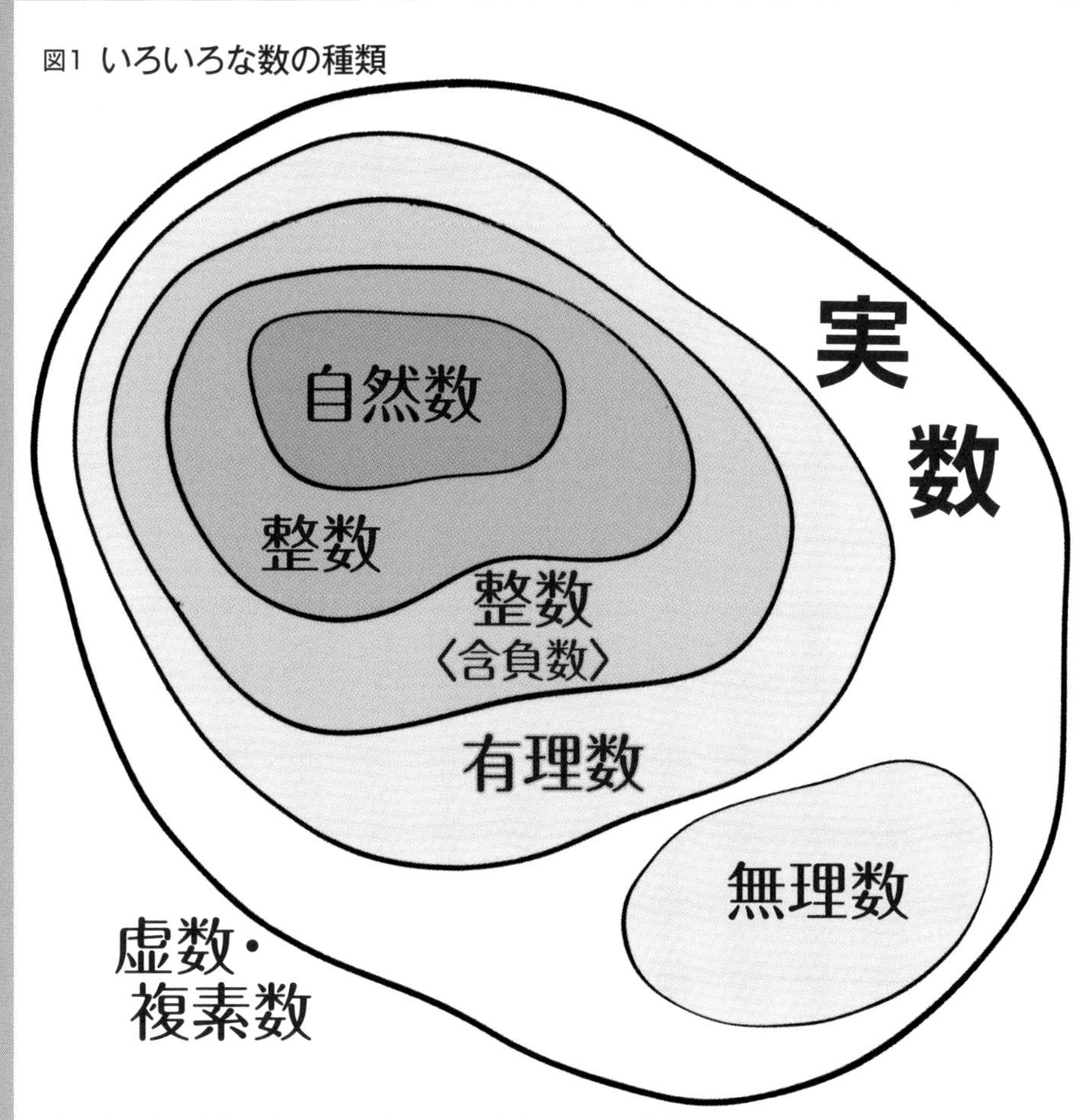

⬆大半の数は実数に含まれるが、どこにも含まれない奇怪な数、虚数・複素数も存在する。　作成／十里木トラリ

頭……」とは数えない。いない羊から順に数えたりはしない。だから0は必要のない数だった。

だがバビロニア人の知恵は驚くべきものだ。紀元前700年頃、彼らは**大きな数字を書くときに〝位取り〟を行って、数字の混乱が起こらないようにした。**たとえば3桁の数字を書こうとして2桁目（10の単位）が何もない場合には、そこを空けておかないと正しく記述できない。10進法でいうなら305と書く代わりに0のところに印（2本の斜めくさび。36ページ**図2**）をつけ、35と見分けられるようにしたのだ。われわれがいま大きな数字の3桁ごとにカンマを打つのと同じような考え方だ。

ちなみに大陸ヨーロッパでは

図2 ⬅バビロニアの60進法で表した21万6001。位取りのため、間に数字がないことを示す印が2つ入っている。

一般にカンマの代わりに3桁ごとにピリオドを打ち、ピリオド（小数点）の位置にカンマを打つ。かつて筆者が彼らに「位取りにピリオド（ドット）はおかしい。カンマが妥当である」と言ったところ、「ピリオドのほうが正しい」と言い返された。われわれが0.5%と書くところを彼らは0,5%と書く。日本人やアメリカ人や中国人のカンマやピリオドの使い方は共通だが、自己主張の強いヨーロッパ人には通用しない。興味のある読者はヨーロッパ人の書いた文書や記事をのぞいて見ればよい。カンマとピリオドの用法は国によってはさらに異なることがある。

ゼロ（0）
他の何にも似ていない孤高の数

ゼロ（0）という数はいつもわれわれの身近にある。しかしゼロがいつどこで生まれたかとなると、これまでその起源は漠としていた。もっとも信頼のおけるイギリス、オクスフォード大学の記述さえ、ゼロの起源はおそらく7世紀頃のインドとしてきたのだ。

そこに最近新しい手がかりが加わった。ゼロが書かれているインドの最初の文献が放射性炭素年代測定にかけられたのだ。白樺の樹皮に書かれたこの文献『**バクシャーリー**』は仏教の修道士用の数学教本で、従来考えられてきたより500年も時代をさかのぼること、つまり**3～4世紀のもの**であることが明らかになったという。このインドの古文書は1世紀以上前からオクスフォード大学図書館に収蔵されていたものだった（**図3**）。

『バクシャーリー』の算術問題などの記述には**ゼロとしての黒い点**が何百も書かれている。その後、こうした点の内部に白い点が打たれてしだいに現在の0（ゼロ）へと変わっていった。当初ゼロは宗教的な秘事として使用を禁止されていたが、7世紀にインドの天文学者・数学者**ブラーマグプタ**によって数学的な意味で用いられ、さらに算盤（そろばん）の誕生を導いた……非常に長い歴史である。

最初期のゼロは、文章を書くときに1字分をあけておき、後で何らかの文字をそこに入れる**空間（スペースホルダー）**であったらしい。その後、バビロニア人と同じく**位取り**にも利用し、数を数える際に**何もない場合にもゼロ**を用いるようになった。

ブラーマグプタは数学的な数として見たゼロの特殊性も論じた。ゼロは正数でも負数でもなく、プラス1とマイナス1の中間の数である。ある数に**ゼロを足しても引いても答は変わらない**。そしてどんな大きな数に**ゼロをかけても答はゼロ**になる。

図3 ⬆3～4世紀のインドの文献『バクシャーリー』。最下段の行に黒丸（矢印）が見える。これが記録に残された最初の"0"の原型と考えられている。
写真／Bodleian Libraries, Univ. of Oxford

ではある数をゼロで割るとどうなるか? ブラーマグプタは0だと考えた。その500年後の数学者バースカラは無限大だと主張した。

後者はわれわれの感覚では正しいようにも思えるが、現代数学では**「0で割った数は存在しない」**ということになっている。もし数を0で割ることを許すと、1＋1＝100であれその他どんな計算であれ正しいと証明されてしまうからだ。

ほかにも、ゼロは2で割り切れる（0÷2＝0）のでこれは偶数であるとか、またゼロは何もないということではなく数直線（数を順序だてて並べた直線）上のひとつの位置であるとの定義もある。

ちなみに中世のヨーロッパでは、ゼロは何もないのだからそもそも数ではなく、偶数でも奇数でもないなどの議論が1000年近くくり返されていた。つまりさきほどのゼロの数学的定義はかなり新しいことになる。だがゼロがなければ算盤も計算機も生まれなかったので、現代のコンピューター社会も誕生しなかった。技術文明はゼロの上に築かれているということにもなる。

ゼロにはこうした歴史以外にも他の数との決定的な違いがある。それはゼロが数学だけのものではないということだ。**ゼロは空虚、非存在、収穫や売り上げなし、失格、中身のない人間などさまざまな社会的意味**でも用いられているのだ。

整数

ゼロとマイナスの数がはじめて合流

整数は日々誰もが使っていてめずらしくもない数である。0から始まって1、2、3……とどこまでも続き、また反対方向にマイナス1、マイナス2、マイナス3……と無限に続く数、それが整数である（**図4**）。

われわれの日常生活ではマイナスの数もなければ困ることが多い。今月は収入より支出が多くて10万円の赤字だったとぼやきたいとき、赤字と言わずに「今月の収支はマイナス10万円だった」と言っても同じ意味になる。マイナスの数は**「負数（負の数）」**と呼ぶ。英語ではネガティブ・ナンバーである。預金通帳の残高にマイナス記号がついている人は、その銀行から借金していることを意味する。マイナスが大きくなりすぎると借金地獄から破産へと突進するかもしれない。

前項の自然数はすべて整数に含まれるが、自然数との違いは、マイナスがついてもやはり整数という点である。そこで**整数の中身をまとめると、「正の整数＋0＋負の整数」**ということになる。

ちなみに整数に含まれない数は何か？　それは半端な数、つまり小数点のつく数や分数などだ。

ところで、ここではじめて登場したマイナスの数（負数）は誰が考え出したのか？　じつは**ヨーロッパなどでは17世紀頃までマイナスの数という概念を認めようとしなかった。**羊がマイナス1頭いることもなければ面積が負の土地などもない。負の数は実在とは無縁だというのだ。方程式で負の答が出ても、彼らはそれを「偽根」「数の欠落」などと呼んで頑なに無視した。

ところがまたしてもインドは違っていた。6世紀のインドの数学者**アリヤバータ**は『アーリヤバティーヤ』を書き残したが、その中でマイナスの数の足し算と引き算のルールを決めている。さきほど家計収支の赤字の例をあげたが、アリヤバータも**正の整数を〝収入〟、負の整数を〝借金（負債）〟**として扱っている。人間は昔から借金しながら何とか生活をやりくりする者が少なくなかったようだ。現在に通じるインド人の数学的天分と経済合理性を思わせる歴史ではある。

実数
誰もが使っている ほぼすべての数

これは整数以上に身近な数である。われわれが日ごろ目にし口にする数はほぼすべて実数である。前述の整数や小数（小数点のつく数）も、後で見る有理数や無理数もすべて実数である。一般社会では、基本的な**実**

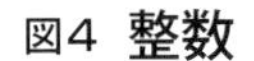

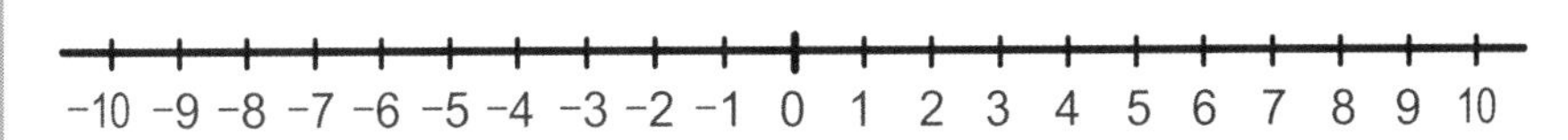

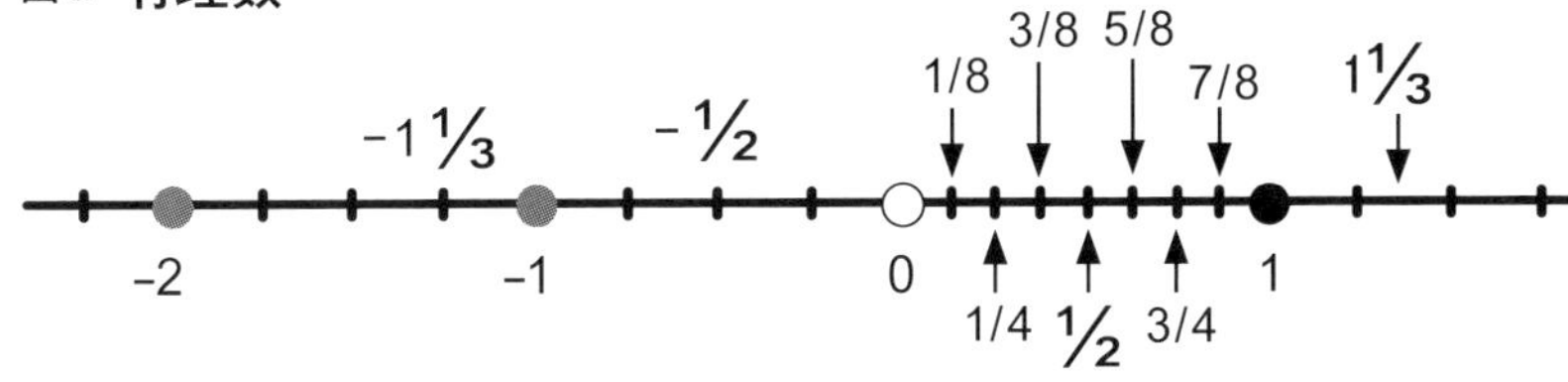

⬆整数はとびとびにしか存在しないが、有理数は密に存在し（ここでは一部しか表示していない）、数直線上の間隔がどれほど狭くてもその間に有理数をいくつでも見つけることができる。

図6 無理数

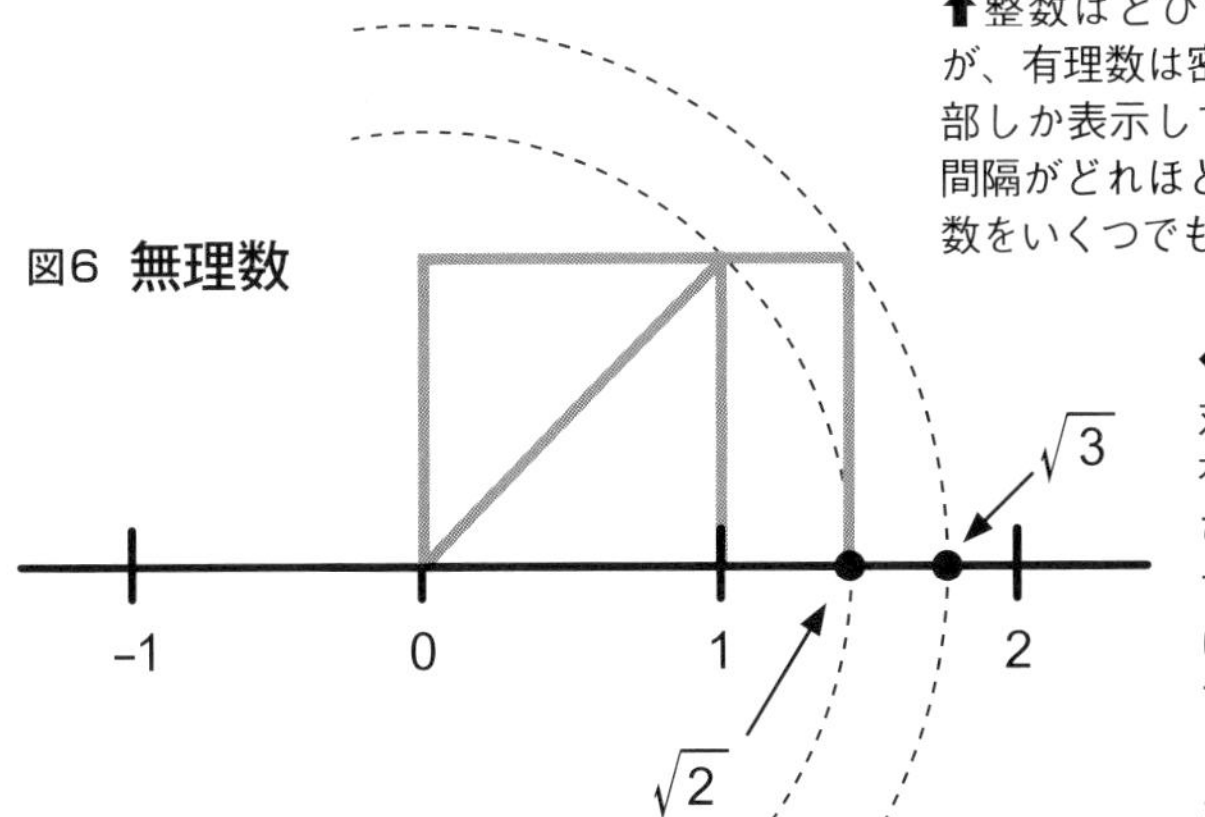

⬅図の正方形や長方形の対角線は無理数となる。有理数は無限個でも“とびとび”なので数直線のすべてを埋め尽くすことはできず、無理数があってはじめて数直線をぎっしり埋める連続した線となる。

数をふまえていれば誰も日常生活で困ることはない。ちなみに自然科学や技術工学の分野は実数だけでなく、後述の「虚数」も使っている（42ページ参照）。

有理数

整数÷整数で表せる分数と整数の正式名称

秋分と春分には世界のどこでも昼と夜の長さがほぼ等しくなる。1日の2分の1（1／2）が昼、残りの2分の1が夜。また1時間は24分の1（1／24）日、1分は60分の1（1／60）時間である。この例のように整数を別の整数で割った数を「**分数**」という。1／60なら上の数が「**分子**」、下の数が「**分母**」である。この**分数と整数を総称して「有理数」**と呼ぶ。

はじめて有理数と聞くと、その後に何やらめんどうな数学が続きそうな不安を覚える。しかしこれは、その昔苦労して日本語訳を考えた人の功績かつ責任である。有理数の語感は〝理にかなった数〟というところだが、元の英語は〝ラショナル・ナンバー（rational number）〟である。たしかに理にかなったとも言えるが、ratio（レシオ：比率）の形容詞形と見ると、「**有理数とは比率（分数）で表される数なり**」と覚えればよいことになる。整数もまた有理数である理由——それは、たとえば整数を1で割れば5／1などと表せるからだ。

分数は、分子を分母で割り算すると「**小数**」になる。1／4なら0・25、100／396なら0・252525……といった具合だ。後者のように同じ数がくり返される小数を「**循環小数**」と呼ぶ。どこまでも**割り切れない分数は必ず循環小数**になる。

有理数はいくらでもつくり出すことができる。たとえば0と1の間には1／8や7／8などがあり、7／8と1の間には8／9や9／10がある。9／10と1の間には24／25や98／99などもある。こうして分母をどんどん大きくすれば、それまでより1に近い数が無限に現れる。

いいかえると、0と1の間には2個の整数しかないのに、**有理数となるとそれは無限に存在する**。にもかかわらず**有理数の個数は自然数と変わらない**。有理数は1、2、3、4……と順に自然数で番号付けできるが、それに合わせて自然数はどこまでも大きくなるからだ。

大きなピザを注文すると、ひとりでは食べきれないほど直径が大きいことがある。そこで中心からナイフを入れて3切れとか4切れに切り分ける。ここですでに、切り手は有理数の世界を実践しようとしている。分数というからには分母と分子によって表されるが、分母が0ということはない。前述のように、0で割ることは数学では許されないことになっているからだ。

ちなみに年長の読者は〝有理〟と聞くと、ときに1960〜70年代に中国全土を覆った「文化大革命」のスローガン〝造反有理〟を思い出すかもしれない。紅衛兵（レッドガード）と呼ばれる何百万人、何千万人の少年少女の叫び声は当時を知る人々の耳にいまも残っているであろう。造反有理とは、謀反や暴動を起こすこと（＝造反）にこそ〝正しい理由が有る（＝有理）〟というものだ。だがこの革命スローガンのもとで10年にわたって続いた中国史上の大事件を、現在の中国の若い世代がどこまで知っているかは不確かである（日本人でも知らない人はちょっと調べてみればよい）。しかし数学で言う有理は、理由があるという意味は同じだが、中国現代史とは無縁の数学用語である。

無理数
等分に分けられない永遠に半端な数

さて無理数は、これまでのわかりやすい数の定義と比べると、読者を突如不分明の世界へと招き入れる。そもそも無理数という表現が「あなたが理解するのは無理だ」と言っているようにも思える。だが、無理数（英語のイラショナル・ナンバー：irrational numberの訳語）とは「**有理数でない数**」の意味であり、「**整数どうしの比では表せない数**」ということである——だがこれは単なる定義であり、誰もなるほどわかったとは言いそうにない。

そこでもっとわかりやすい無理数の事例から入るとすると、小中学校で習う**円周率**、つまり円の直径とその円周の長さの比である。円周は直径×パイ（π）と覚えた。多くの読者は昔を懐かしみながら、π＝3・141592……と空で言えるに違いない。近年の中学校ならπは3ないし3・14である。ともかく現在では、この**数列が留まるところを知らずにどこまでも続く**ことが証明されている。

ちなみに、自ら開発した世界初のコンピューターを使って世界ではじめてπの計算を行ったのは、〝**20世紀最大の数学者**〟**アメリカのジョン・フォン・ノイマン**である（図7）。

図7 ⬆ジョン・フォン・ノイマン。写真／Los Alamos National Lab.

別の事例として、**平方根**を意味するルート2（$\sqrt{2}$＝1・4142……）やルート3（**図6**）、それに**対数**（$\log_{10}2$＝0・3010……など）のほとんど、**黄金比**なども無理数である。こうした数は無限に桁が続く。数直線上の有理数はとびとびだが、無理数はその隙間をすべて埋めつくす。そのため**無理数は有理数よりはるかに多い**。

ちなみに、無理数を発見したのはピタゴラスの一派とされている。彼はイタリアで数学学校を開いたが、学生の中でもとくに優秀でピタゴラスに心酔する者を集めて数学を信奉

図8➡『アテネの学堂』でひとりの青年が書物をのぞきこむピタゴラスに質問している。1509年にイタリアの画家ラファエロが描いた想像図。

する宗教集団を結成した。この「**ピタゴラス教団**」では財産は共有制、菜食主義で肉だけでなく豆も禁じた。

　彼らはとりわけ整数を尊んだ。だが彼らが「ピタゴラスの定理」を使って正方形の対角線を計算すると壁に突き当たった。正方形の一辺の長さが1なら、対角線は2の平方根（$\sqrt{2}$：ルート2）、つまり2乗すると2になる数になる。だが$\sqrt{2}$を分数で表すことはできなかった。それもそのはず、$\sqrt{2}$は有理数ではなかったのだ。

　$\sqrt{2}$では数字は循環しない。それは1・41421356……と無限に続き、そこには反復も法則性もない。そしてこれが「無理数」の発見につながった。

　ピタゴラス教団はこの発見に仰天し、秘中の秘として教団の中枢でのみ知識を伝授することにした。ところが教団の若者ヒッパソスが正方形の対角線が有理数ではないことに気づき、得意満面で友人に発見を伝えた。彼は無理数が秘密だとは知らなかったが、教団は彼の裏切り行為に怒り、嵐の夜にヒッパソスを船に乗せて地中海の沖に向かった。そして彼を舷側から荒れ狂う海に突き落とした――

　しかし数学の世界にはなぜこのような無力感漂う数が存在するのか？　答は「宇宙の真実を人間が考え出した数学などというツールで理解しようとするなどおこがましい」という天の叱責ゆえかもしれない。

　ちなみに、このミステリアスな数は、無理数ではなく〝無比数〟と訳すべきだという意見もある。

虚数・複素数
他の何にも似ていない孤高の数

　プラスの数（正数）を2回かけると答は正数になる。マイナスの数（負数）を2回かけても答は正数である。では2回かけたらマイナスになる数はないのか？　なさそうでいて実はあるのだ。ある数学者が問題を解こうとしている途中で、突如としてそのような数字が現れたというのである。

彼はとんでもなく驚いた。その後、2乗するとマイナスになるそのような数は「**虚数**（**imaginary number＝想像上の数**）」と呼ばれるようになった。さらに、それらのうちルートマイナス1（$\sqrt{-1}$）は**記号**〝i〟で表されることになった。

数学者たちは当初、このような数は便宜上のものにすぎないと考えていた。だが19世紀の**カール・フリードリヒ・ガウス**がその見方を変えた。それによると、実数を表す座標軸の上ではマイナス1（-1）は1を180度回転させた数字である。とすれば、1を座標上で90度回転させればi、つまりルートマイナス1になるのではないか。1にiを2回かければ-1になるのだから（**図9**）。

そこでガウスは、**実数の軸とそれに垂直な〝虚数軸〟という2本の軸からなる座標**を考え出した。そこでは実数と虚数を加えた「**複素数**」が示されるので、この座標面は「複素平面」と呼ばれることになった。この平面では奇妙なことが起こる。1のような**整数が複素数どうしをかけ合わせた数**として現れるのだ。

複素数は数学だけでなく、物理学の世界にもしみ出した。ミクロの粒子のふるまいを扱う「**量子力学**」の方程式には複素数が現れ、どうしても消すことができない。どうやら虚数や複素数は単に想像上の数ではなく、この世界に実存する〝何者か〟のようでもあるのだ。●

図9

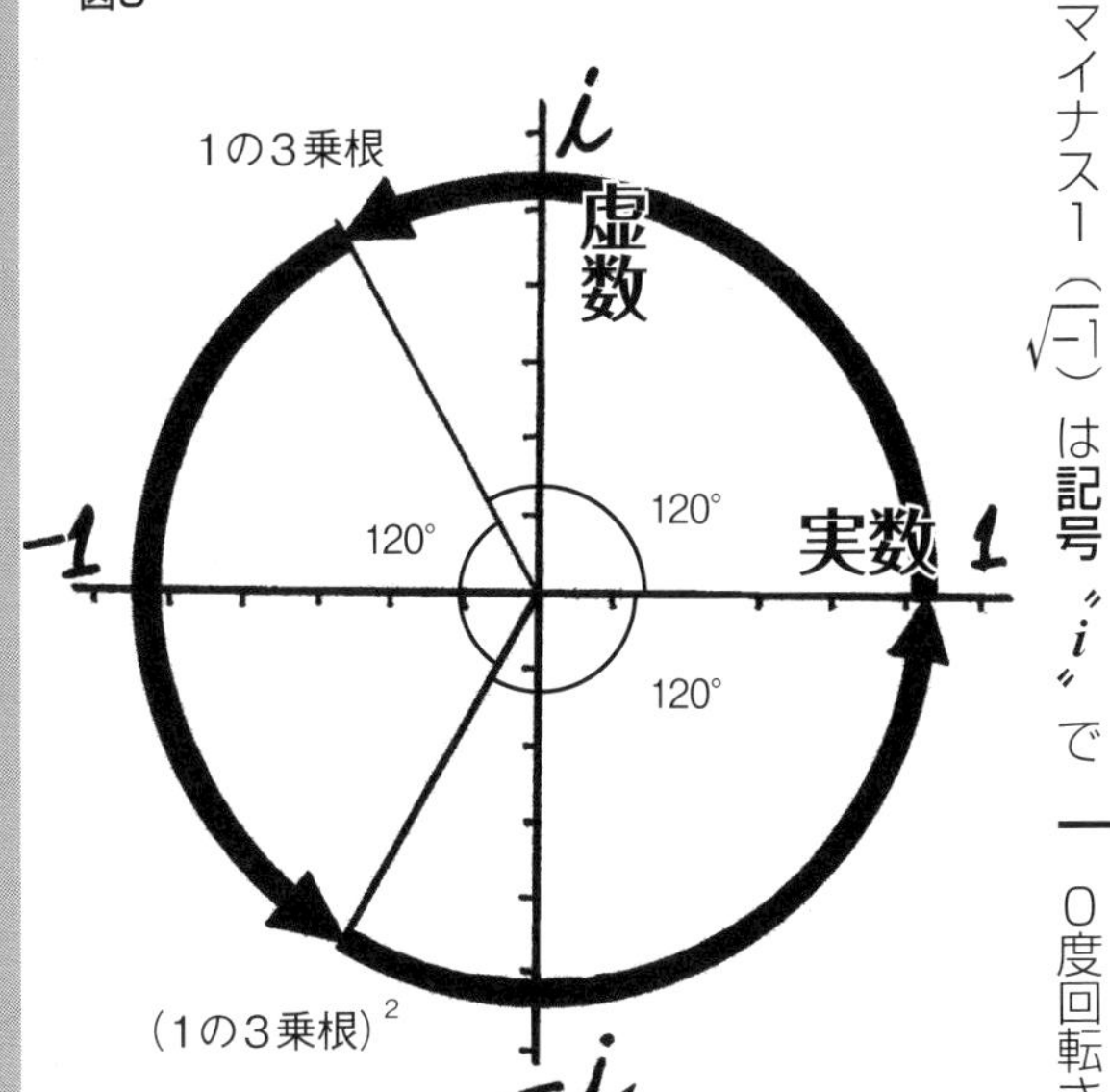

⬆複素平面ではかけ算は回転によって示される。すると1の3乗根（3回かけると1になる数）は1だけでなく、1から1までの360度を3分割した120度と240度の位置もやはりその答となる（図は120度の例）。

数学者はなぜ「素数」が好きか？

20世紀の大スター科学者カール・セーガンはこう語った――「宇宙人は素数を使ってメッセージを送ってくるだろう。素数を使えば彼らが知的生命体であると証明できるからだ」――素数は宇宙人の得意技？

セミが素数年に大発生する不可解

セミは夏の風物詩だ。木々があればどこでもセミの声が重なり合い、ときにはうるさいくらいである。日本だけでなく、北アメリカやヨーロッパなどにもセミは棲んでいる。ただし北アメリカのセミは日本のそれとはかなり様相が違う。セミが年ごとに異なる地域で大発生するのだ。

日本ではセミは地中で幼虫として数年を過ごし、その後地上に出て羽化し、成虫となる。これに対して**北アメリカ**

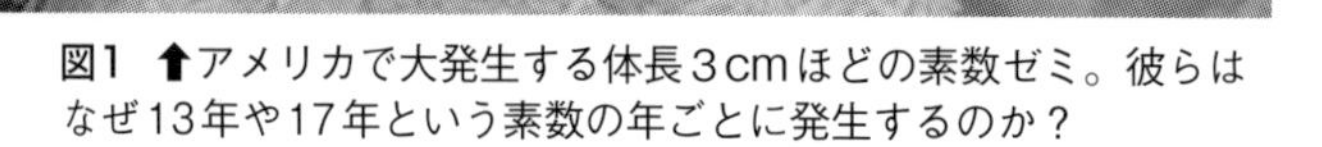

図1 ⬆アメリカで大発生する体長3cmほどの素数ゼミ。彼らはなぜ13年や17年という素数の年ごとに発生するのか？
写真／NewYork Dept.of Environmental Conservation

のある種のセミは13年間、長いものは17年間も地中に棲む（図1）。昆虫としては例外的に長寿命だ。赤い目と黒い体をもつこれらのセミは土壌が温まる5〜6月頃、いっせいに土から這い出て羽化し、平原から街中まで文字どおり埋め尽くす。木々の幹にも葉にもびっしりとセミがはりついて樹液を吸い尽くす。

2016年、アメリカのある地域では4000平方mあたり150万匹（1平方mに約400匹。見渡すかぎりセミのスシ詰め状態！）も発生し、その数は全米で数十億匹に達したと報じられた。無数のセミの鳴き声は街をおおい、人々は会話するのも一苦労だった。

彼らはなぜ周期的に大発生するのか？　それもなぜ13年や17年周期で、14年や15年や16年周期ではないのか？

秘密は数学にあった。13や17は「**素数**」であり、13年周期や17年周期のセミは〝**素数ゼミ**〟と呼ばれる。**素数とは1と自分自身の数でしか割り切れない整数**で、2、3、5、7、11、13、17、19…と続く。

素数は〝**数字の元素**〟のようなものだ。素数を除けば、**1より大きいすべての整数は素数どうしのかけ算（積）で表せる**。たとえば2020は2×2×5×101で、2も5も101も素数である。

セミの繁殖に有利な時間周期は？

素数ゼミが生まれた理由を研究者たちは次のように説明する。セミは地球がいまよりずっと温暖だった恐竜繁栄の

図2　セミの発生周期と生存数

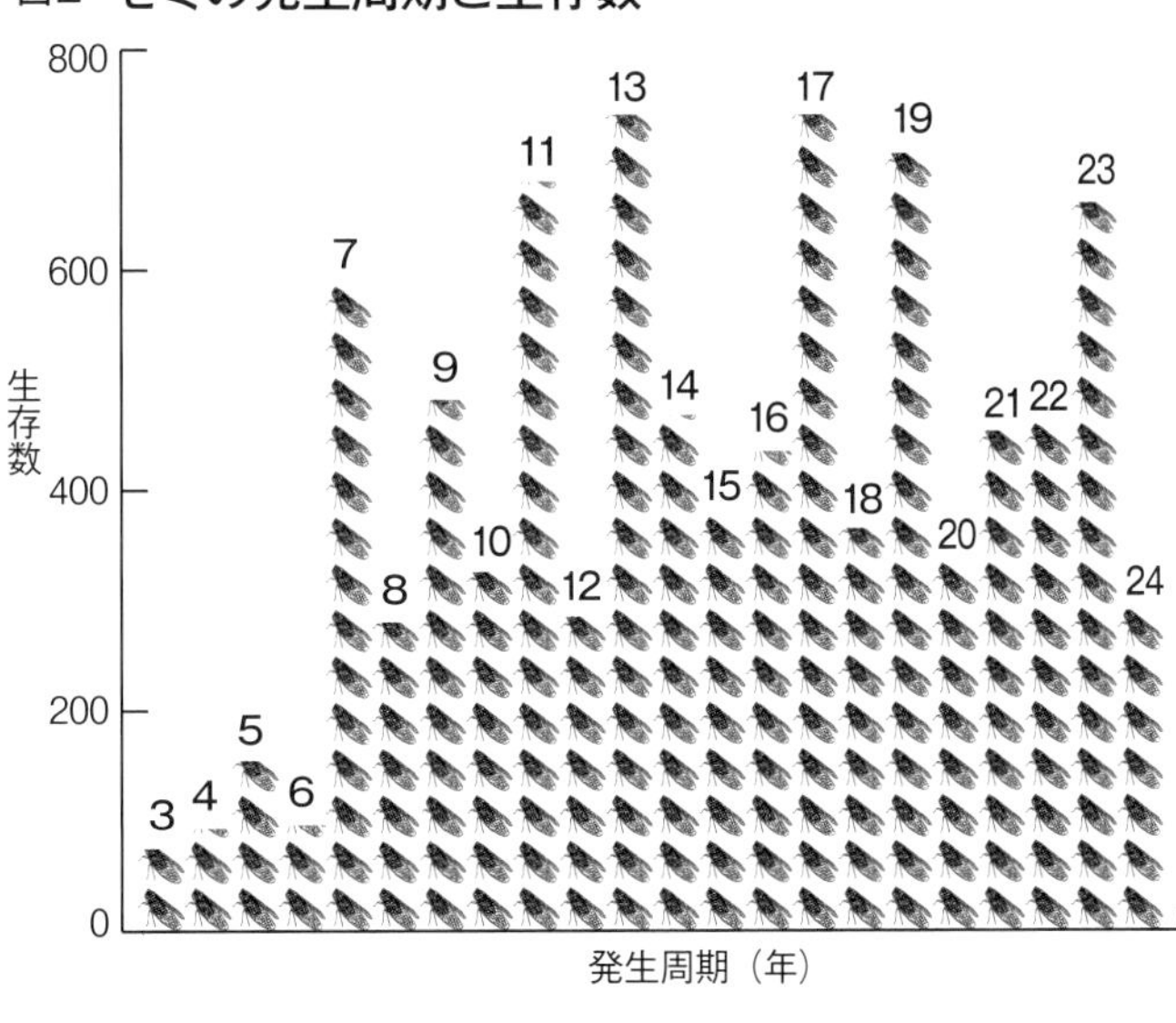

⬆セミは素数年にいっせいに羽化すると交雑しにくくなる。さらにこのシミュレーションで示すように、素数年に発生すればさまざまな捕食者の発生時期と重なりにくくなり、生き残る確率が高まる。　資料／Paul Lutus

時代（2億4500万年前〜6500万年前）に登場したが、その後地球はしだいに寒冷化し、約200万年前には氷河時代が訪れた。セミたちは厳しい気候を生き抜くため、温度が比較的一定している地中で長い間幼生として生きることを選択した。この場合セミの**進化上もっとも有利なのは、あるときいっせいに羽化する**ことだ。こうすれば、**地上で生存できるわずかな期間に容易に交尾相手と出合える**からだ。

セミにとっては、周期の異なる種どうしが交尾すると地上に出て羽化する年がばらばらになり、交尾相手を見つけにくい。これだけの理由で子孫を残すことが難しくなる。とりわけ**発生周期が素数ではないセミは、他の周期のセミと発生時期が重なりやすい**。

たとえば12年周期のセミと別種の16年周期のセミは、計算上48年に1回は同じ年に発生して両者が**交雑**する。するとどちらも**発生周期がばらけて、結果的に個体数が減ってしまう**。ところが、13年周期のセミと17年周期のセミが交雑するのは221年に1回である。これだけ時間があれば、いったん交雑で個体数が減っても、次に周期が重なるまでにそれぞれの個体数を回復する時間がある。こうしたメカニズムが働いて、13年または17年ごとにセミの大発生が起こって地上を埋めつくすことになる。

ここに現れる48や221という数字は、数学でいう「**最小公倍数**」である。48は12でも16でも割りきれる――つまり両方の数の倍数（＝公倍数）だ。公倍数のうちもっとも小さい数が最小公倍数で、12と16の最小公倍数は48、他方13と17の最小公倍数は221だ。

このように素数ゼミは、12年や16年のように最小公倍数の小さいセミよりも同じ仲間の繁殖・増殖に有利となる。さらに素数年に発生すれば捕食者の大量発生の時期と重なる確率も小さくなる（**図2**）。自然の摂理と進化のしくみが生み出した驚くべきセミの習性と見ることができる。

世界初のアルゴリズムを生み出した男

直感的に見ると、素数は大きな数よりも小さな数の中に高い割合で含まれていそうだ。ではそのような**素数を簡単に見つけ出す方法**はないのか？

古代ギリシアの**エラトステネス**（紀元前2世紀頃）は、100までの数字を〝**ふるいにかける**〟方法を思いついた。エラトステネスは太陽の光を利用して地球の直径を求めた

図3 エラトステネスのふるい

1	2	3	4	5	6	7	8	9	10
11	12	13	14	15	16	17	18	19	20
21	22	23	24	25	26	27	28	29	30
31	32	33	34	35	36	37	38	39	40
41	42	43	44	45	46	47	48	49	50
51	52	53	54	55	56	57	58	59	60
61	62	63	64	65	66	67	68	69	70
71	72	73	74	75	76	77	78	79	80
81	82	83	84	85	86	87	88	89	90
91	92	93	94	95	96	97	98	99	100

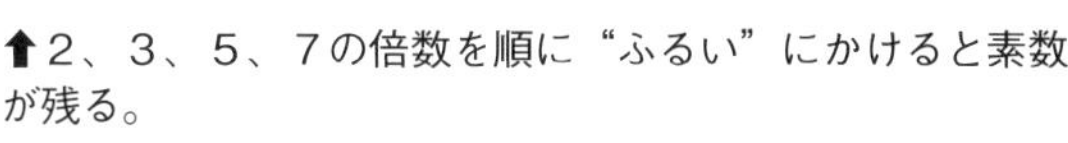

⬆2、3、5、7の倍数を順に“ふるい”にかけると素数が残る。

数学者でもある。

彼は1から100までの数字を縦10列に並べた。そこでまず、いちばん小さな素数2の倍数を消した。ついで3の倍数、5の倍数を消す。さらに7の倍数を消せば、残った数が素数となる（**図3**）。100までの数は表になっているので、順に出てくる倍数は簡単に見つかる。

7までで確認が終わるのは100が10×10だからだ。7より大きい8、9、10の倍数は2か3の倍数でもあり、早い段階でふるい落とされる。またある数が10以上の素数で数字が割り切れる場合、その素数の相手は必ず10より小さい。したがってその数は10に達する前に脱落する。100までの数字をこの単純なふるいにかけることによって、エラトステネスは素数を見つけた。

彼の発見したこの手法は世界最初の「アルゴリズム」、つまり答を出すための操作手順となった。現在のコンピューター時代にはおなじみの手法である。

ふるいの表を見ると、素数はどれも**6の倍数より1だけ多いか少ない**。5、7、11、13、17、19など皆そうである。これは6がもっとも小さい2つの素数、2と3の倍数だからだ。6の倍数より1少ない数（5、11など）や1多い数（7、13など）は、2の倍数でも3の倍数でもない。そのためにエラトステネスのふるいには簡単にはかからないのだ。

〝決して破られない暗号〟のつくり方

コンピューターでパスワードを送ったり銀行口座にアク

セスしたりする際に「送信するデータは暗号化されます」と表示されることがある。この暗号化にいま幅広く利用されているのが**「RSA暗号システム」**だ。

　RSAは、この暗号システムを開発したマサチューセッツ工科大学（MIT）の3人の数学者の頭文字。彼らは1977年に**「素数を使えば〝破られない暗号〟ができる」**とする当時の新しい仮説をもとに、このシステムを開発した。

整数が素数かどうかを見分けるのは難しい。100や1000くらいの数字なら前述の「エラトステネスのふるい」で見分けられるが、桁数が大きくなると容易ではない。たとえば828463は素数か？　2でも3でも7でも、さらには11でも13でも割れない。結局、素数で順に割り算をしてひとつひとつ確かめるしかなく、大変な作業になる。

　このように、**ある整数がどんな素数のかけ算（積）でできているかを探すことを「素因数分解」という**（図4）。

　これは数字が大きくなるほど難しくなる。たとえば300桁（1兆を25回かけ合わせた桁数！）の数が素数かどうかを調べるには最新のスーパーコンピューターでも1年かかる。そして300桁の素数どうしをかけ合わせた整数を素因数分解するには数億年（！）かかると見られる。人類が滅びる日までやり続けてもとうてい無理であり、無意味でもある。

　しかし逆に、**素数どうしをかけ合わせる計算は1回だけ**ですむ。たとえば2つの素数1231と673をかけると前出の828463になる、と一瞬で答が出る。このように、素数どうしの積とそれを分解する素因数分解の作業の手間には、文字通り桁違いの差がある。

　そこでRSA暗号では、**2つの素数を「秘密の鍵」**、これらを**かけ合わせてできる数字を「公開鍵」**として用いる。誰もが公開鍵を使ってデータを暗号化できるが、**暗号化されたデータを解読するには秘密の鍵が必要になる**ので、秘密の鍵をもつ正当な受信者しかそれを知ることができない。

　仮に誰かが暗号化されたデータを盗み取っても、暗号を解読するのは至難、というより原理的に不可能である。前述のように、秘密の鍵である2つの素数を見つけるには、現在のコンピューター技術では永遠と思える時間がかかるためだ。

図4　素因数分解

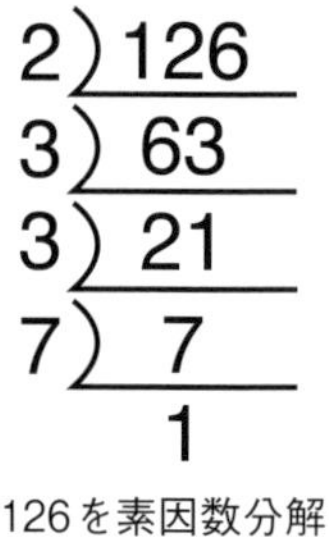

2) 126
3) 63
3) 21
7) 7
　　1

⬆126を素因数分解すると2×3×3×7となる。

読者がチャレンジすれば世界記録

素数は古代ギリシア時代から多くの数学者を魅了してきた。整数が並んでいると、その中のあちこちに素数が混じっている。10までの整数には2、3、5、7と4つの素数があるし、11〜20には11、13、17、19という4つが、21〜30には23と29という2つの素数がある。一見すると、数字が大きくなるにしたがって素数は減っていくように思える。とすると、素数の数には上限があるのではないか?

ところが事実はそうではない。**素数は無限に存在するのだ**。すでに紀元前3世紀に**ユークリッド(エウクレイデス)**はそれを「**背理法**」で証明してみせた。

彼はまず「**素数の数は有限である**」という仮定を立て、**それらすべてをかけ合わせる**様子を脳内に描いた。実際にそんなことはできそうもないからだ。想像上とはいえ、こうしてはじき出した数字(=N)は途方もなく大きくなる。ここに彼は1を加えた。するとその数(=N+1)はどんな素数でも割りきれないはずだ。Nはすべての素数で割りきれるのだから、**N+1をどの数で割っても必ず1余る**。たとえば7を最大の素数とした場合、それ以下の素数をすべてかけ合わせると、2×3×5×7=210となるので、そこに1を加えた211は素数になる。つまりどんなに大きな素数を仮定しても、それに1を加えるだけですぐに新たな素数が生まれる。★1

この新しい素数を含めた全素数をかけ合わせても結果は同じなので、そこに1を加えればまた新しい素数が生まれる。つまり素数は無限に存在することになる。

物好きな数学者たちはいまでも**新しい素数**を探し続けている。これまでに発見された最大の素数は2324万9425桁の数で、それをすべて書き並べると、400字詰め原稿用紙が5万8000枚近く必要になる。これは300ページの文庫本130冊だ。大いなる徒労のようだが、このチャレンジに成功すれば数学者に敬意を表され、多額の賞金とギネス世界記録が手に入るかもしれない。★2 ●

★1 実はつねにN+1が素数になるわけではない。たとえば最大の素数を13としたときのN+1は30031だが、59×509と素因数分解できる。しかしこの2つの数は、最大の素数が13という最初の仮定とは矛盾する新しい素数である。

★2 発見したのは素数を探索するプロジェクト「GIMPS」。コンピューターをもつ人なら誰でも自由に参加できる。参加者は素数の候補となる数を割り振られ、無料のソフトウェアを使い、候補が素数かどうかを判定したり、候補となる数をいくつかの素数で割りきれるかを計算して初期段階のふるい落としを行う。1億桁の素数を最初に発見した人には15万ドル(約1600万円)の賞金が出る。

超インフレや大地震は「指数」の出番

巨大な数の計算は電卓を使っても容易ではない。しかし指数や対数ならすぐにおおざっぱな答を出してくれる。

輪転機フル回転で紙幣を刷りまくれ！

第一次世界大戦で敗戦国となったドイツ帝国は、戦勝国側との間で結ばされた**ヴェルサイユ条約**★1により、**莫大な賠償金**を背負うことになった。総額1320億マルク、当時のドイツの国家予算の20倍という目もくらむ賠償額である。

しかもこれは金本位制で設定され（純金4万7000トン相当！）、貨幣価値が下がっても正味金額は変わらないだけでなく、ドイツ通貨（マルク）ではなく外貨での支払いを要求していた。戦勝国側、とりわけイギリスとフランスが**ドイツを再起不能にする企図**で押しつけたものだ。これが結果的に**ナチズムの台頭**を招いた。

数年にわたる世界史上最大の戦争によって生産力が激減していたドイツは紙幣をいっきに増刷し、同時に国債を大量発行して外貨を手に入れようとした。だがこれにより海外市場で**マルクの価値は暴落**した。大戦前の交換レートは1ドル4・2マルクで安定していたが、1919年7月に

★1 **ヴェルサイユ条約** 1919年6月に調印された第一次世界大戦の講和条約。ドイツに課されたのは莫大な賠償金のほか、アルザス・ロレーヌ地方の返還、一部地域の割譲、植民地の放棄、徴兵制の廃止などの軍備制限など。賠償が滞った場合にはルール地方を占領するという条項もあった。

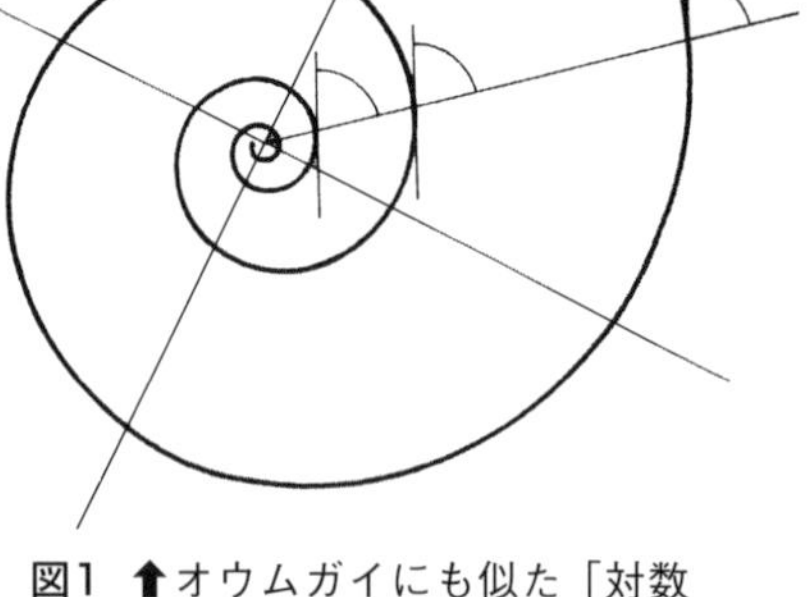

図1 ⬆オウムガイにも似た「対数らせん」はその間隔が指数関数的に増加する。このらせんは自然対数の底eの累乗で表される。

は14マルクとその価値は3分の1以下に低下した。だがこれはほんの序の口、21年には1ドル280マルク、22年末にはいっきに8000マルクへと文字通り垂直落下していった。

そして1923年にフランスとベルギーが炭鉱と鉄鋼の巨大生産地であったルール地方を占領すると、もはや歯止めはきかなくなった。その年末、ドイツ政府が**輪転機をフル回転させて高額紙幣を刷りまくる**ようになるとマルクは文字どおりの紙くずとなり、**1ドル〝4兆2000億マルク〟**を記録した。

物価は打ち上げ花火のごとく上昇し、10年で70億倍に達した。たとえるなら1リットル200円の牛乳が1兆4000億円になった。倹約家のドイツ国民が長年かけて貯えた貯蓄は食費1日分にも足りなくなった。人々は給金を手にするや食糧の買い出しに走った。日々の食料品の値段が数時間で2〜3倍に跳ね上がるからだ。彼らは紙幣の山をリアカーなどに積んで運び、小さな買い物ごとに数千枚の紙幣を数えるのに疲れ果てた（**図2**）。

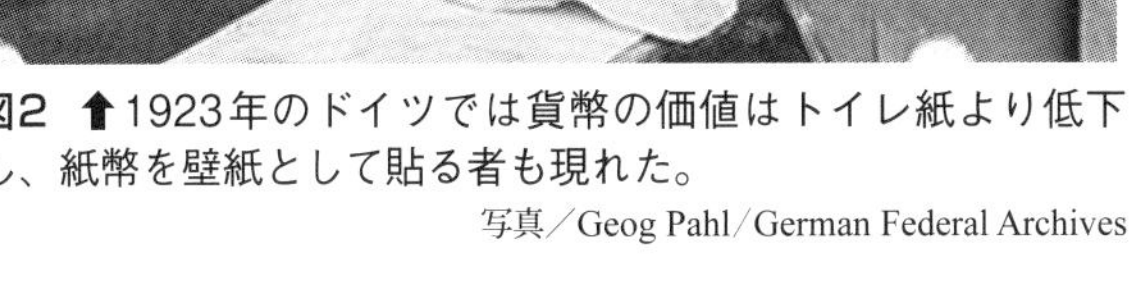

図2 ⬆1923年のドイツでは貨幣の価値はトイレ紙より低下し、紙幣を壁紙として貼る者も現れた。

写真／Geog Pahl／German Federal Archives

ハイパーインフレは「指数」の宝庫?

このマルク大暴落と物価の高騰は〝**ハイパーインフレーション（超インフレーション）**〟と呼ばれることになる。その状況を適切に表す一般語は存在せず、単にかけ算

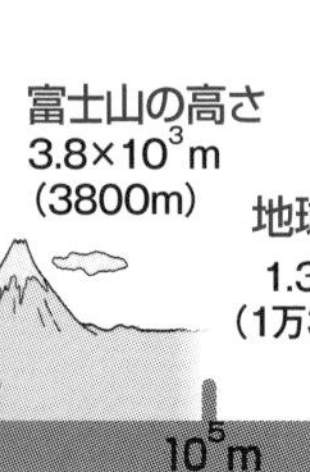
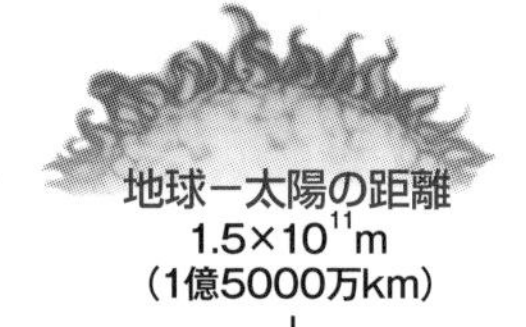

につぐかけ算をくり返すしかなかった。だが数学用語を使えばただ一言で表現できる。つまり**〝指数関数的なインフレ〟**と言えばよい。これは国家経済が「**指数**」を呼び込んだ歴史的事件だったのである。

　ここで言う**指数とは、数字をかけ合わせる回数**である。たとえば8は2×2×2、つまり2の3乗（2^3）で、右上の3が指数である。1兆なら10の12乗（10^{12}）で12が指数となる。10分の1（＝1÷10）や100分の1（＝1÷10÷10）のようにある数を**同じ数でくり返し割る場合は、指数をマイナス（－）で表す。**1000分の1なら10の-2乗（10^{-2}）、1000分の1なら10の-3乗（10^{-3}）である。

　さきほどのドイツのハイパーインフレを指数で表すなら、物価は10^{10}倍近くに暴騰、マルク価値は10^{-12}に暴落したのだ。一見わかりにくいが、要は慣れだ。10乗は単位にして100億、12乗は1兆と覚えておけばよい。

　ちなみに**指数が0（0乗）の場合はどんな数も1**と決められており、10の0乗も2の0乗も答は1だ。これは、たとえば10の3乗÷10の3乗（$10^3 \div 10^3$）の答である1と整合させるための取り決めだ。

　では**0の0乗（0^0）はいくつか？**　0を何度かけても0のはずだ。だが前述のように0が指数のときは1と定義されている。そこで**指数の数学ではこれを1とすることも0と解釈することもある。**確固としているように見える数学もときにご都合主義的である。

地震の大きさは指数的に増大

　巨大な数字の表記を手助けする指数は、われわれの日常生活には無縁のように見える。だが実際には、身近にも指数的に増減するものが少なからず存在する（ちなみに指数

図3　対数表示の例

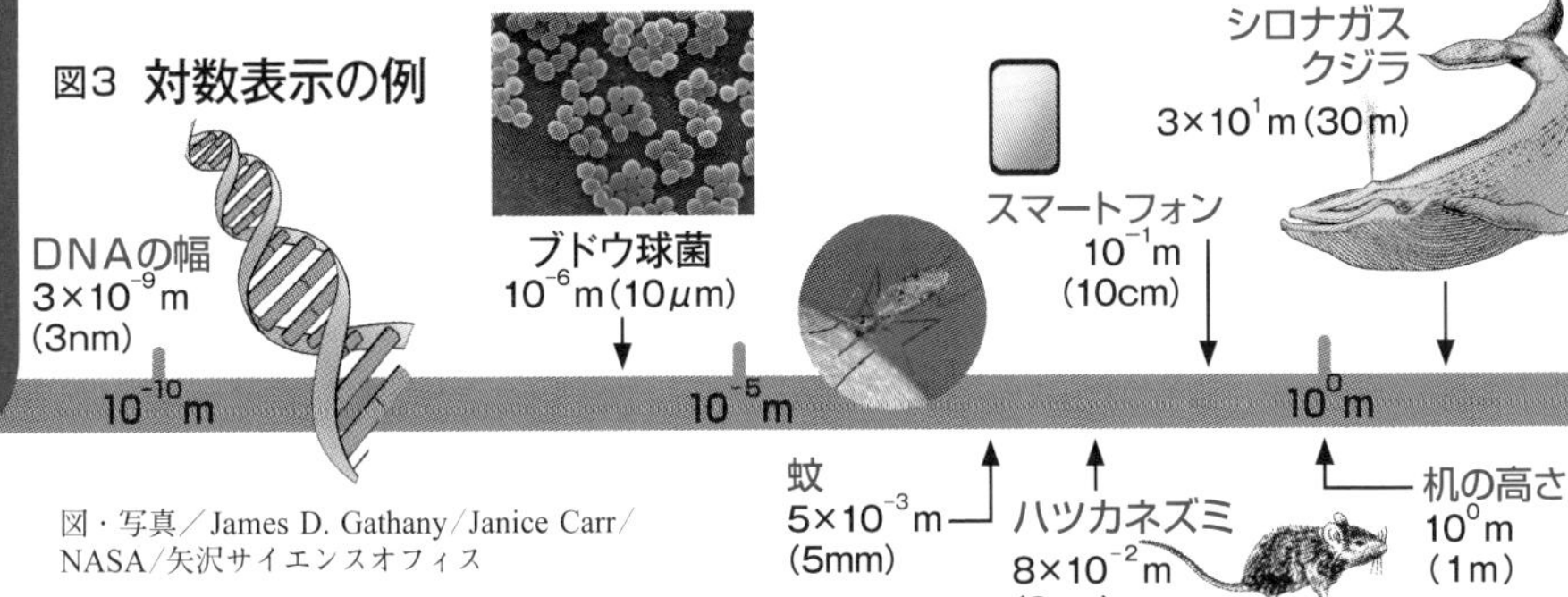

図・写真／James D. Gathany／Janice Carr／NASA／矢沢サイエンスオフィス

⬆われわれの身のまわりの存在は、小はウイルスや細菌から大は太陽に至るまでその大きさがかけ離れている。このようなとき、数字を指数で表すと比較が容易になる。

作成／矢沢サイエンスオフィス

表1 地震の発生頻度（2001～2010年）

マグニチュード（M）	回数（1年間の平均）
M8.0以上	0.2（10年に2回）
M7.0～7.9	3
M6.0～6.9	17
M5.0～5.9	140
M4.0～4.9	約900
M3.0～3.9	約3,800

⬅地震はマグニチュード（エネルギー）が大きくなるほど発生回数が指数関数的に減少する。表は日本とその周辺で起こった地震の平均回数。

資料／気象庁

をxなどの変数とする関数を「指数関数」といい、この変数にともなう数字の増大を〝指数関数的〟と表現するが、単に急激に増大するという意味で使うことも多い）。

たとえば日本人がつねに警戒感をもって生活している**地震の大きさ（M：マグニチュード）**が典型だ。マグニチュードは指数（＝対数）として定義されている。**マグニチュードが1増えるごとに放出されるエネルギーは約32倍**（10の1.5乗＝$10^{1.5}$倍）になり、2増えると1000倍（10の3乗＝10^{3}倍）になる。

マグニチュード8（M8）の巨大地震は63兆キロジュールで、通常火薬を用いたTNT爆弾1500万トン分に相当し、広島に投下された原爆1100発分である。東日本大震災クラスのM9になると広島原爆3万2000発分――想像しにくい巨大エネルギーだ。

そこでマグニチュード別に地震の発生頻度を表すと、その回数は**エネルギーが小さいほど多く、大きくなるにつれて〝指数関数的に減少〟する**（表1）。日本列島ではM3～M4未満の地震は年間3800回（1日10回あまり）発生するが、M5未満は900回、M6未満になると140回に減少する。だが甚大な被害を与えかねないM7未満が年平均17回、M8未満でも3回起こっているので、日本列島は世界に冠たる地震国である。

音の大きさを表すデシベル（dB）も指数（対数）で定義される。図書館内ほどの静かさは40デシベル、その100倍の60デシベルで普通の会話の大きさになる。これは人間の聴覚が音の刺激（音波＝空気振動）を指数的にとらえるためだ。つまり音が指数的に大きくなってはじめて、われわれは音が大きくなったと感じる。

人間の耳は音量だけでなく音の周波数に対しても感度が異なり、2000〜4000ヘルツ（毎秒2000〜4000回の空気振動）がもっとも聞こえやすいとされている。女性の悲鳴や赤ん坊の泣き声などの周波数だ。

エアコンの効いた部屋に熱いコーヒーを置くと、温度は最初は急激に下がるが、**温度**低下はしだいにゆっくりになる。これは指数的な低下だ。同様に、飲んだ**薬が体内に吸収される量**も時間とともに指数的に低下し、吸収量が減少していく。他方、**コンピューターの性能の向上（ムーアの法則**[★2]**）**。限定的）や**インターネットの普及率**などはおおむね指数的、指数関数的に増加する。

夜の宇宙にきらめく太陽のような**星（恒星）の明るさ**も対数で定義され、地球から観測すると明るい星ほどその数は指数的に少なくなる。そこで自然科学や人文学ではしばしば、物事の関係性を調べるときに指数を用いる。

ちなみに消費者物価指数とか熱中症指数なども指数というが、数学の指数とは関係はなく、それぞれ独自の定義による単なる目安としての指数である。

★2 ムーアの法則　コンピューターの性能（具体的には集積回路の密度）は18カ月で約2倍に増大するという経験則。コンピューターの心臓部CPUをつくる企業インテルのゴードン・ムーアが唱えたが、この増大速度についての科学的根拠はとくにない。

強欲男が偉大な発見をするとき

いつも自分の領地からあがる収益を増やすことに知恵を絞っている男がいた。その名はスコットランドの貴族**ジョン・ネイピア**。17世紀の話だ。しかしこの男の強欲から生まれた知恵が後に数学の世界に貢献することになる。というのも、彼は収益計算に指数を使う方法を考え出し、〝指数のパイオニア〟になったからだ。

しかしネイピアの関心は領地の収益だけではなかった。彼は自然科学に対しても興味を抱いていた。当時の天文学や物理学、測量学などの分野ではますます複雑な計算が必

表2 常用対数表

数（小数点第1位まで）	0	1	2	3	4	5	6	7	8	9
1.0	.0000	.0043	.0086	.0128	.0170	.0212	.0253 ①	.0294	.0334	.0374
1.1	.0414	.0453	.0492	.0531	.0569	.0607	.0645	.0682	.0719	.0755
1.2	.0792	.0828	.0864	.0899	.0934	.0969	.1004	.1038	.1072	.1106
1.3	.1139	.1173	.1206	.1239	.1271	.1303	.1335	.1367	.1399	.1430
1.4	.1461	.1492	.1523	.1553	.1584	.1614	.1644	.1673	.1703	.1732
1.5	.1761	.1790	.1818	.1847	.1875	.1903	.1931	.1959	.1987	.2014
1.6	.2041	.2068	.2095	.2122	.2148	.2175	.2201	.2227	.2253	.2279
1.7	.2304	.2330	.2355	.2380	.2405	.2430	.2455	.2480	.2504	.2529
1.8	.2553	.2577	.2601	.2625	.2648	.2672	.2695	.2718	.2742	.2765
1.9	.2788	.2810	.2833	.2856	.2878	.2900	.2923	.2945 ②	.2967	.2989
2.0	.3010	.3032	.3054	.3075	.3096	.3118	.3139	.3160	.3181	.3201
2.1	.3222	.3243	.3263	.3284	.3304	.3324	.3345	.3365	.3385	.3404
2.2	.3424	.3444	.3464	.3483	.3502	.3522	.3541	.3560	.3579	.3598

（列見出し：小数点以下第2位）

⬆1.06（表の①）×1.97（②）のようなめんどうなかけ算も、対数表を使えば①＋②の答にもっとも近い対数から約2.09と答を出せる。表の内部が対数。

図4 ⬅アメリカのIBMが売り出した計算尺のポスター（1951年）。

要になっており、彼は何とかして大きな数字の頻出する計算を簡単にする方法はないかと考え続けていた。

ネイピアはある発見をした。**同じ数のかけ算をくり返すには、かけた回数——いまで言う指数——を単に足せばよいということに。**逆に同じ数で何度も割り算をする場合は指数を差し引けばよい。強欲の成果である。

ネイピアは指数を「**ロガリズム（対数）**」と呼んだ。ギリシア語のロゴス（比例、尺度）とアリスモス（数）からの造語だ。たとえば100と1万をかけるときは10の2乗×10の4乗（$10^2 \times 10^4$）だから、**対数（指数）の2と4を足して10の6乗（10^6）＝100万**となる。このルールを使えば、一見複雑なかけ算や割り算も、対数の足し算や引き算で答が出る（**表2**）。

ネイピアはその計算のために「**対数表**」なるものを作った。選んだ数

指数

$$5^3$$

指数

底

➡5の右肩に指数3をおくと、5を3回かけるという意味。5の3乗と読む。

対数

$$\log_5 125 = 3$$

対数

底

⬆数字125は底の5で3回割れる。そこで125を底5の対数に書き換えると3となる。

（「**底**（てい）」という）について何度もかけ算をくり返し（底×底×底…）、かけた回数とその答を一覧表にしたのだ。ちなみに彼の計算法は20世紀までいたるところで使われていた**計算尺**（55ページ**図4**）などにも応用された。

　彼は対数の底、つまりかけ合わせる数を複雑な数から選んだが、いまでは対数の底は10か、後述する「ネイピア数（e）」を選ぶ。**底が10なら「常用対数」**、**ネイピア数なら「自然対数」**と呼ぶ。

　常用対数では、たとえば1000の対数は3で、数学記号では$\log_{10}1000=3$と書く（log：ログはさきほどのロガリズムつまり対数を意味する）。1億なら10^8だから、その対数は8だ。

　他方のネイピア数は実は無理数、つまりぐるぐる循環せずに無限に続く小数（41ページ記事参照）である。なぜ無理数を底にするのか？　それは、ネイピア数が強欲者の利子計算から生まれたからだ。

100万円が1年で借金3000万円に

　貨幣が誕生して以来、世界のどの国でも金融業という商売がさかんになった。いまの日本でも銀行や信用金庫が企業に運転資金や設備投資資金を融資し、個人には住宅ローン資金や教育資金を貸し付けている。それが彼らのビジネスだからだ。

　貸出し金利は法律で規制されていても、これに違反する〝闇金融〟も跋扈（ばっこ）する。

　たとえば〝トイチ〟といえば10日で1分（10％）の利子をとる。10日で元金と利子を返せるなら10％のコストです

★3　複利で貸付期1日の場合、借金額の増加は以下の通り。
1日目＝元金
2日目＝元金＋元金×利率
＝元金（1＋利率）
3日目＝2日目＋2日目×利率
＝2日目（1＋利率）
＝元金（1＋利率）^{2}
すると借金額はn日目には
n日目＝元金（1＋利率）$^{n-1}$
と指数関数として増加する。

★4　このように利子がつく期間を無限に短くした場合の一定期間（おもに1年）の利率を「連続複利」と呼ぶ。連続複利は金融商品どうしの比較、短期間投資の計算、利率が変化する場合の収益計算などに役立つ。

む。100万円借りたら10日後に110万円返すということだ。問題は、闇金融は単利ではなく複利だということだ。単利なら100万円借りれば20日後に120万円、1年後には460万円返すよう迫られる。だが複利ならこうはいかない。元金と利子の合計に利子がつくため、100万円の借金が1年後に3000万円以上にふくれあがる。**複利では借財が指数関数的に増加する**からだ。[★3] 一度借金したら「ケ○の毛まで抜かれる」ことになる。

数学者**ヤコブ・ベルヌーイ**はこの**複利による貸付期間と利率**の関係に興味をもち、利子がつく期間を短くしてその分だけ利子を下げたらどうなるかを考察した。

たとえば利率が年100%の場合、1年後に貸付金（返済額）は2倍になる。利率が半年に50%なら1年後の返済額は2・25倍に増える。これを月割りにして利率8・3%（100÷12＝8・333…）にすると返済額は2・61倍、1日ごとにすると利率0・27%で返済額は2・71倍となる。つまり**複利の場合、同じ利率でも貸付期間を短く区切るほうが最終返済額は大きくなる**。

さらにベルヌーイが貸付期間を1分、1秒…と短く区切り、0に近づけていくと、1年後の返済額は**2・71828倍あたりの上限で収束**した。[★4] あたりというのはこれが有理数ではなく、どこまでも割り切れない無理数だからだ。

いまではこの数字は対数の底として利用されており、対数研究のパイオニア、ジョン・ネイピアに敬意を表して「**ネイピア数**」と呼ばれ、**e**で表されている。**ネイピアの考えた底は、実はe分の1（1／e＝0・3678…）にもとづく**と見られる。

この無理数は特別な性質をもつ。ふつう、曲線は微分するとまったく別の曲線や直線に生まれ変わる。例外的にサイン波やコサイン波は曲線の形は変わらないが、波の始まる位置はずれる（32ページコラム参照）。ところが、ネイピア数をくり返しかけ算して生まれるe^xという曲線（$y=e^x$）は、微分しても自分自身のままったく変わらない。**何度微分をくり返してもこの曲線はe^xのままであり、逆に積分をくり返してもe^xとなる**。

微分は自然現象の変化のしかた、積分は変化の大きさを見るための数学的操作である。**ネイピア数を使えばその操作が簡単になる**ため、科学者たちはこの数を底にした自然対数を使いたがる。あらゆる対数はeを底にして書き直せるのである。

江戸時代の数学

江戸時代の日本に数学はなかったのか？ そんなことはない。江戸幕府の鎖国政策のため海外と貿易や交流が制限され、科学技術も数学も流入しなくなっていたが、**日本には日本の数学が存在した。「和算」である**。

和算誕生のきっかけは『**塵劫記**』(**下図**)と呼ばれる算術書であった。1627年に土木工学者**吉田光由**が中国の算術書を参考に書いたものだ。従来の算術書とは異なって挿絵が豊富で、伝来してまもないソロバンの使い方、測量法や土地の面積の求め方、鶴亀算や継子立という碁石ゲームの計算法まで載っている。後の改版で２色刷になり、答を付さない難問(**遺題**)も追加された。

『塵劫記』は当時のベストセラーとなり、写本や類似本も多く出版された。算術書はそれなりの教育を受けた士族階級だけでなく、余裕のある庶民にも人気があった。

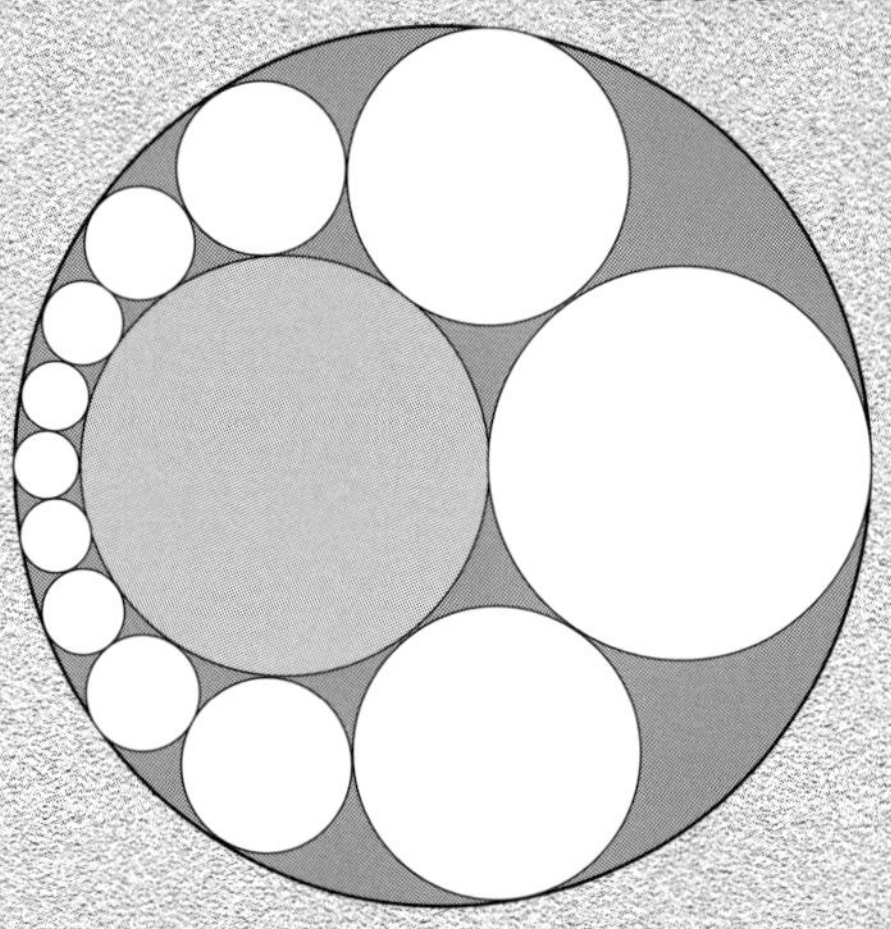

⬆大小２つの円の間にたがいに接するよう並べた複数の円の鎖は「シュタイナーの環（円鎖）」とも「インドラの真珠」とも呼ばれる。

資料／WillowW

数学の裾野が広がると、より高度な**数学を教えて生計を立てる算術家も現れ、全国にさまざまな流派の塾が作られた**。算術家や塾の門下生たちは難しい問題を解くと、その問題と解答を大型の絵馬(**算額**)に記して神社や仏閣に奉納した。算術家の中には**諸国を旅し、神社仏閣を訪れて難問に取り組む“遊歴の算術家”**も現れた。

こうして日本では西欧とは異なる和算の解法が生み出された。**和算は図形問題が多彩で、独自の複雑な定理や西欧に先立って解法が示されたもの**(「シュタイナーの環」など。**上図**)も見られた。

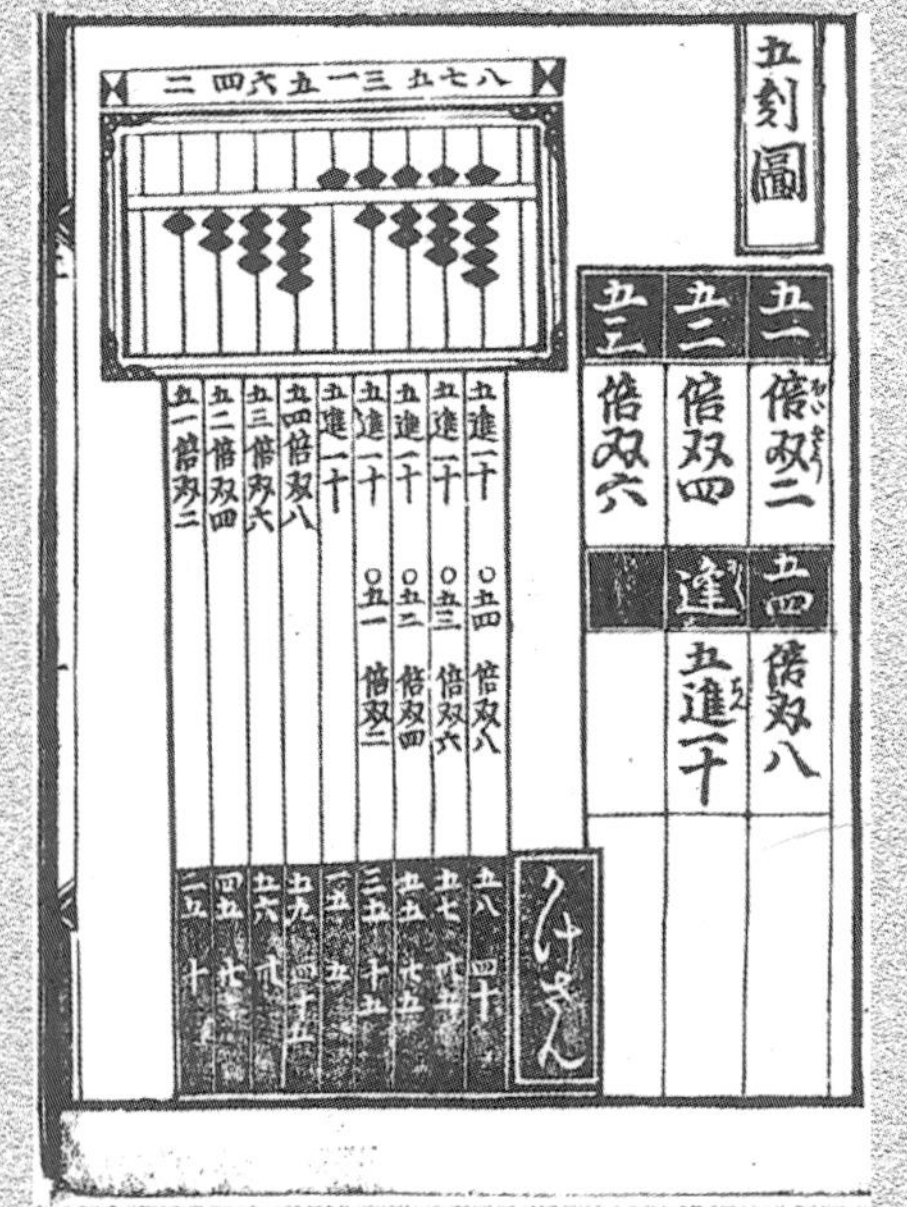

五割圖

五一 倍双二

五二 倍双四

五三 倍双六

五四 倍双八

五進一十

⬅江戸時代のベストセラー『塵劫記』にはソロバンの使い方を解説したページもある。

パート3

「微分」と「積分」はイロハのイ

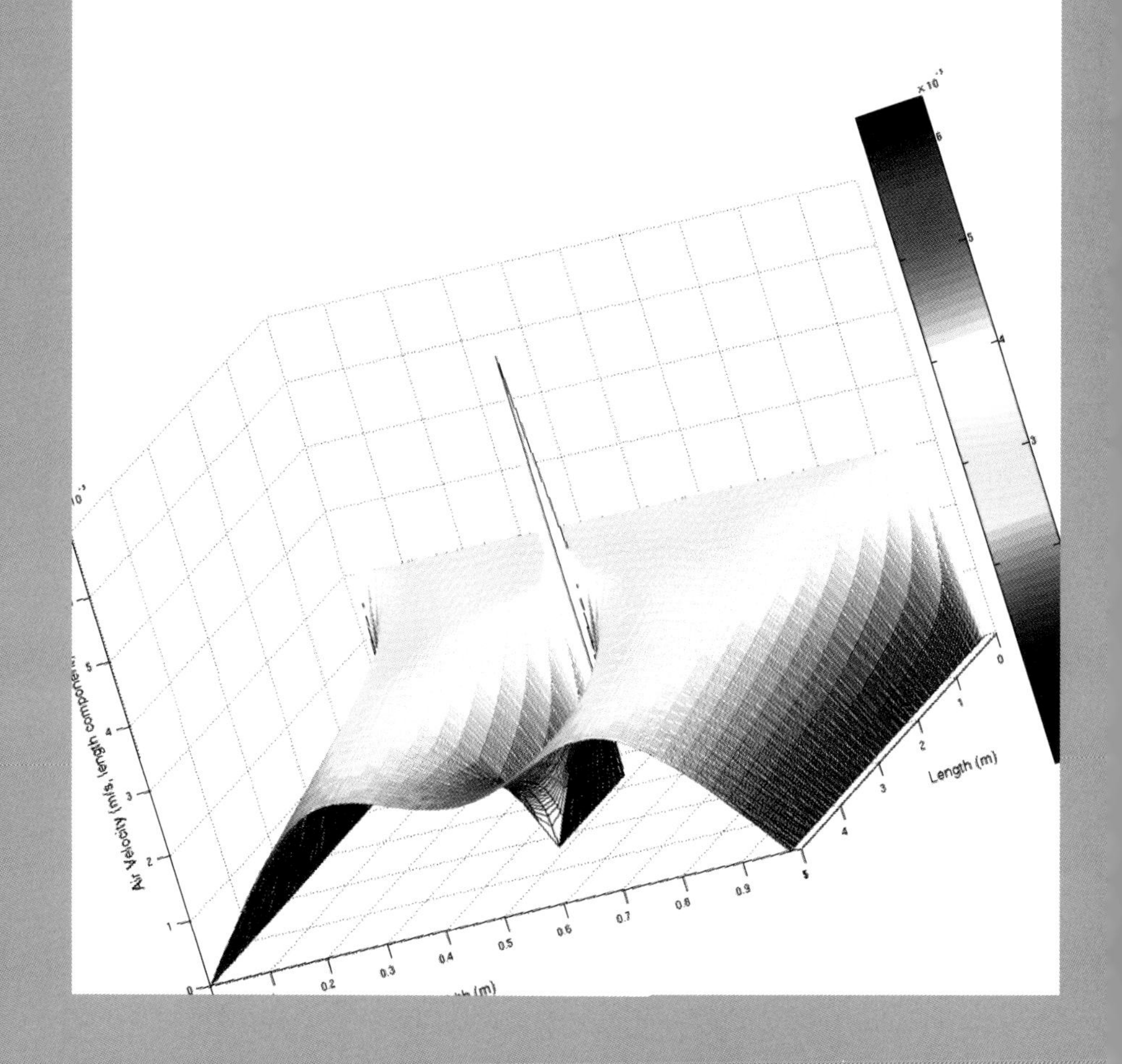

パート3
1
座標

「座標」に聞けば世界が見える

タテヨコ2本の軸が交わって生まれる「座標」。頭が痛くなりそうな複雑な式も、円や楕円などの図形も座標に描けば、その意味が浮かび上がる。

誰が「座標」を思いついたのか?

タテとヨコの線に目盛りがふってある。これは「**座標**」と呼ばれるものだ。

だれでも、直線や曲線を引いたりお好みの図形を描いたりするときには、ほとんど無意識にこの座標を使っている。ここでいう座標とは、「ある点の位置を決めるいくつかの数値の組み合わせ」である。

幾何学などの解説書を開くとすぐに「座標が…」「座標系が…」などという表現が出てくる。それだけで本を投げ出す人も少なくない。しかし座標を使うとこの世界のものごとがいっきに理解しやすくなるので、すぐに投げ出すのはもったいない。

一見して複雑・難解に見える方程式も、座標を使えば図式的に（幾何学的に）表現しなおすことができる。たとえば有名なニュートンの運動法則のような単純な理論も、方程式を見るだけではちんぷんかんぷんだが、座標を使えば直感的にわかる。ああそうだったのか、と。

そもそもアイザック・ニュートンがこの世界を支配している「力の法則（=力学法則、物理法則）」を描き出して見せることができたのも、彼が座標を用いた幾何学を自在に操った成果である（97ページも参照）。つまり**座標は〝数学の地図〟**であり、いまの力学や物理学を生み出した指南

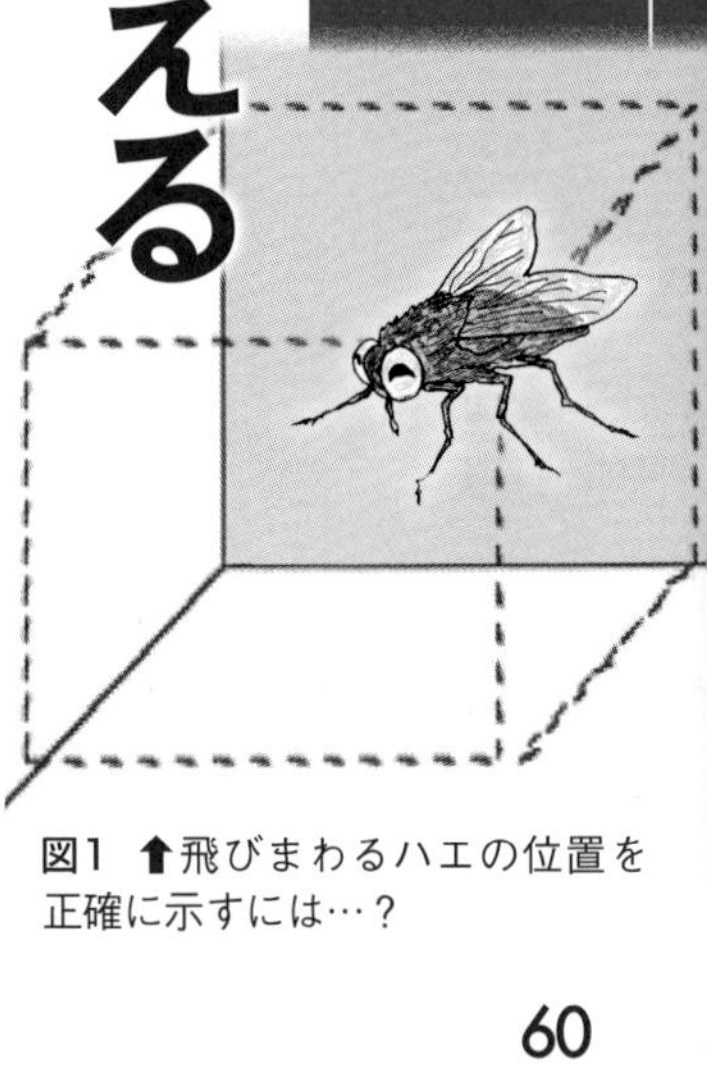

図1 ⬆飛びまわるハエの位置を正確に示すには…?

図2　球座標（3次元の極座標）

⬆天体観測には極座標が便利だ。極座標では角度と距離（r）だけで対象物の位置（点P）を示すことができる。これは3次元（立体）だが、2次元極座標もしばしば利用される。

図／高美恵子、資料／SharkD

書であった。

だが、座標は数学の長い歴史の中では比較的新しい。数学の創始者でもある古代ギリシア人は、さまざまな図形を研究し、驚くほど多くの事実を見つけた。だが彼らは座標というものに気づかず、その後に続いた多くの数学者たちも座標をつくるというアイディアが頭に浮かばなかった。

16世紀のガリレオ・ガリレイのようなほんの一握りの数学者だけが個人的に座標を使っていたが、他の数学者に広まることはなかった。

誰にでも使いやすい座標を着想し、それを幅広く応用できるものへと発展させたのは、17世紀フランスの**ルネ・デカルト**★1であった。

「われ思う、ゆえにわれあり」の男、登場す

デカルトは哲学者として知られている。とくに「**われ思う、ゆえにわれあり**」という言葉はあまりにも有名だ。これは、世界のすべての存在を疑い、真の〝実在〟はおのれの思考の中にあるとするものだ。しかし当時の哲学は、他の自然科学や歴史、神学などと不可分であった。デカルトも、哲学者というより自然科学の真理を探求する者として、この言葉に到達した。

デカルトは、あらゆる事象は一歩一歩、慎重に証明すべ

図3

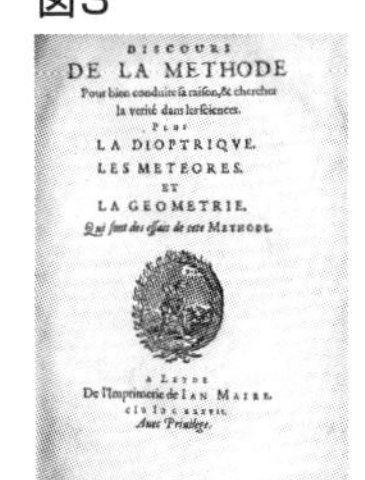

DISCOURS
DE LA METHODE
Pour bien conduire sa raison, & chercher la verité dans les sciences.
Plus
LA DIOPTRIQVE.
LES METEORES.
ET
LA GEOMETRIE.
Qui sont des essais de cete Methode.

A LEYDE
De l'Imprimerie de IAN MAIRE.
CIƆ IƆ C XXXVII.
Avec Privilege.

★1　ルネ・デカルト
1596年生まれのフランスの哲学者・数学者。座標を導入したほか、xとyを使う代数式の記述法を考案し、「解析幾何学」を確立させた。彼の著作『方法序説』（図3）は本来は500ページあまりの大作だが、その序論部分のみをこう呼ぶことも多い。

きであり、そのための普遍的かつ科学的な手法を編み出さねばならないと考えた。その集大成が彼の代表作『**方法序説**』（**図3**）である。その正式なタイトルは、『理性を正しく導くとともに自然科学の真理を探究する方法についての序説——屈折光学・気象学・幾何学』というずいぶんと長いものだ。**座標も、図形を厳密に扱う科学的手法**のひとつとしてこの著作に登場する。

とはいえ、デカルト自身は厳密さとはほど遠い生活をしていた。貴族の息子として生まれた彼は非常に虚弱な体質で、朝はなかなかベッドから出られなかった。これは8歳の頃、カトリック系の学校の寄宿舎に入ってからも変わらなかった。規律の厳しそうな教師たちはデカルトの規律違反には寛容で、彼が**午前中ずっと自室で思索して過ごして**もおおめに見た。ちなみにこの学校でデカルトは、後に数学者となるマラン・メルセンヌ（17世紀フランスの科学サロンの中心人物）に出会い、親友になっている。

〝飛びまわるハエ〟が座標の生みの親

デカルトの朝寝の習慣は、彼が長じて軍人となった後も続いた。軍人なら規則正しい生活と厳しい訓練が義務づけられるはずだが、彼の部隊が送り込まれた戦闘地域は停滞状態で、出撃は午後だけだった。

ある冬の寒い朝、デカルトは暖炉のそばに座ったまま、1匹のハエが天井を這いまわったり暖炉の近くを飛びまわる様子を見ていた。そして、休みなく動きまわる**ハエの場所を示す方法**はないものかと考えた。

「それには**たった3本の直線があればよい！**」とデカルトは気づいた。天井と2面の壁の端がつくる3本の直線を目印にすればよいのだ（60ページ**図1**）。それぞれの直線について、天井の隅からハエがいる場所までの距離を測れば、ハエの位置を正確に指し示すことができる。

こうして**垂直に交わる（直交する）直線を基準線、つまり「軸」にして位置を示す「デカルト座標（直交座標）」**が生まれた。ただしデカルトが思い浮かべたのは3次元的、すなわち立体的な座標だったが、彼が実際に用いたのはもっぱら2次元の座標、つまりx軸とy軸のみの「平面座標」であった。多くの人々と同様、彼も立体的（3次元的）な存在を扱うことが苦手だったのか、ないしは、紙上で正確に再現できる2次元でなければ厳密な証明が難しいと考えたのかもしれない。

デカルトは、**座標を使えば曲線や図形のさまざまな性質をくわしく調べられる**ことにも気づいた。これはいま「**解析幾何学**」と呼ばれる。パート4で登場する放物線や楕円なども、座標を使えばその性質をよりよく理解できる。

デカルトの時代以降、数学の世界には3次元だけでなく4次元、さらにはそれ以上の多次元も登場する。このような数学が生まれたのも、もとはといえばデカルト座標あってこそといえる。

座標は、デカルト座標すなわち直交座標だけではない。たとえば夜空の〝星の位置〟を求めるには、野球のドーム球場に似た球状の座標が便利である（61ページ**図2**）。この「**球座標（極座標）**」なら、**星の位置を、自分が見ている星の方向（角度）と星までの距離で書き表す**ことができる。ほかにも、これらの座標の発展形として「円柱座標」や「斜交座標」などがある。

女王に振り回されて肺炎死

デカルトは王族たちの家庭教師を務めてもいたが、石頭であまり融通のきかない教師であったらしい。『方法序説』からも推測できるように、彼はつねに周到かつ厳密な証明に執着した。6カ国語を操ったというオランダの王女エリーザベートに科学と数学を教えたときには、彼女が自分の思い通りの手法で解かないとデカルトは容赦ない批判を浴びせ、王女を不快にさせた。

図4 ⬆スウェーデン女王クリスティーナ（左）とデカルト（右）。

彼は晩年にはスウェーデンに赴き（スウェーデン王室が海軍提督の乗る軍艦で彼を迎えに行った）、女王に数学を教えた。活動的な女王はあろうことか朝5時から授業を始めるように求めたため、デカルトは長年の習慣であった朝寝を許されず、早朝から女王のもとに連れていかれた（**図4**）。十分な休養がとれないばかりでなく、デカルトにはスウェーデンの寒さは堪えがたかった。半年後、稀代の数学者にして〝近世合理主義哲学の祖〟とされるデカルトは風邪から肺炎を発症し、いまだ53歳にして死んだ。1650年2月11日のことである。●

「関数」は便利なブラックボックス

何十分もかかっていた仕事をすぐに終わらせる簡単ツール？

箱に投げ込めば答が出てくる

東京駅の近くにそびえる高層ビル、ＪＰタワーの2～3階に「**インターメディアテク**」という博物館がある。その片隅の重厚な木棚には、かつて東京大学で利用されていたさまざまな石膏模型が並んでいる。球や輪、くびれた塔、蛇のようなものが巻きつく柱、泡立つ波に似た形――これらの大半はドイツのマルチン・シリング社が19世紀後半～20世紀前半に製造したものだ。いずれも**数学的な曲線や曲面を表す幾何模型**で、なかには表面に編み目模様がうすく描かれた奇妙な物体もある。幾何模型のこうした曲線や曲面は、「**関数**」をもとに細かい計算をくり返して造形された。

関数とはいうなれば〝**数字のブラックボックス**〟である。数字を箱の中に投入すると、それは箱の内部でさまざまに処理され、答が排出される。ドイツの哲学者・数学者**ゴットフリート・ライプニッツ**（76ページ記事参照）が、このブラックボックス内の処理過程のことを「関数」と名づけた。

数字の代わりにxやyを入れただけ

関数はもともと、**ある量が別の量の変化によってどう変化するか**を示すための数学的工夫であった。たとえば太陽を公転する惑星の位置――公転軌道のどこに存在するか――は、そのときの時間によって決まる。この場合の惑星の

図1

入力x
関数f
出力f(x)

←関数fという“ブラックボックス”に数字xを投入するとf（x）という答が吐き出される。

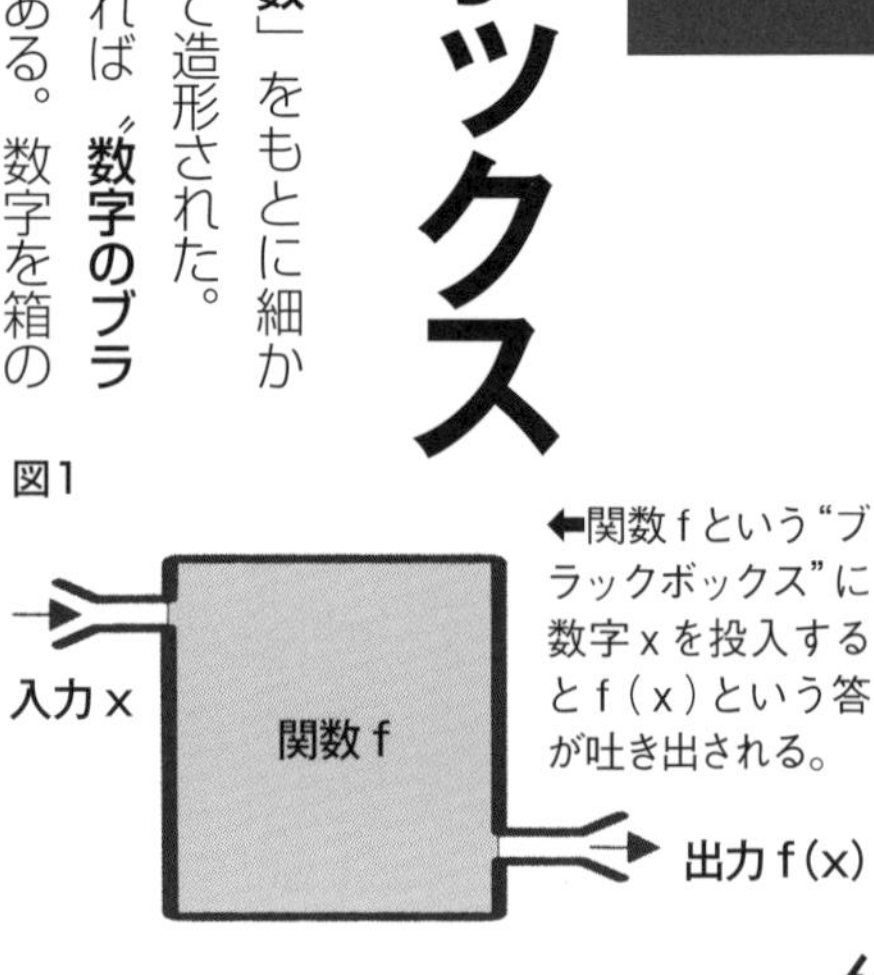

位置を時間の関数と呼ぶ。こうした初期の関数の意味はその後、著しく拡大していまに至っている。

よく知られているように、関数は「f(x)」と表記される。これもライプニッツのアイディアである。fは機能や働きを意味するラテン語のfunctio（英語ならファンクション）の頭文字だ。**xに適当な数字を入れて、箱すなわちf(x)の中にどんどん放り込んでいけば箱がはたらいて、それぞれの数字に対する答を出す**（図1）。

よくy＝f（x）と書くが、これは**xによってy（答）が決まる**という意味であり、「**yはxの関数である**」と言っても同じだ。こうして次々に変化するxの状態を座標（前項参照）を使って表すと、直線や曲線の「グラフ」になる（**図2**）。

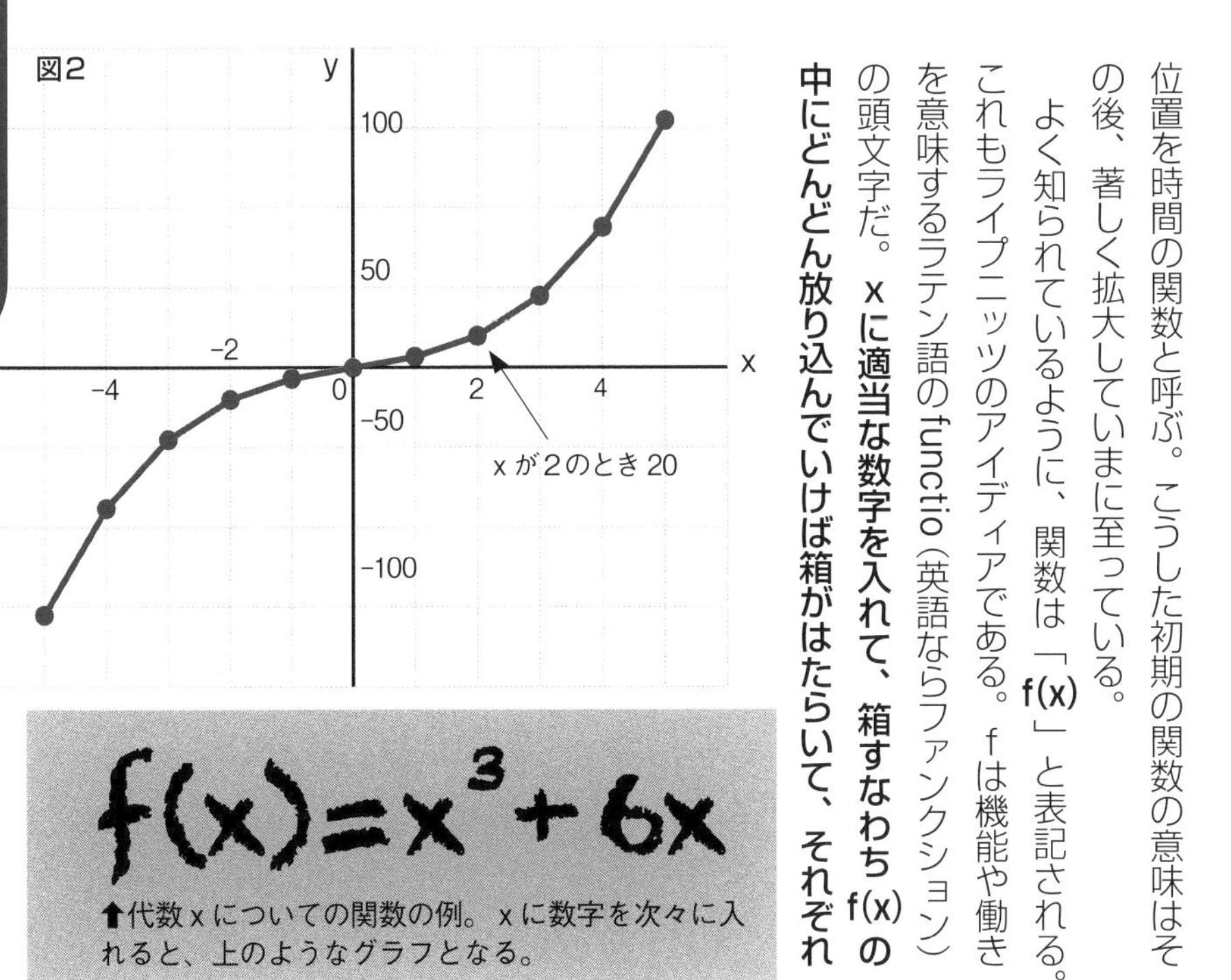

⬆代数xについての関数の例。xに数字を次々に入れると、上のようなグラフとなる。

ときには2〜3個の数字を同時に箱（関数）に入れることもある。その場合の関数はf(x, y)とかf(x, y, z)などになる。関数にこうして次々に適当な数字を入れて計算し、それによって造形すれば、冒頭のマルチン・シリング社の曲面や立体的な像が生まれる。

xやyは数字の代用として用いる記号なので、「**代数**」とか「**変数**」と呼ばれる。関数のブラックボックスの中身は、数字の代わりに代数を入れた「**代数式**」である。たとえば$x+7$とかx^2、あるいはもっと複雑な代数式などだ。

コンピューターで表計算ソフトを使って家計簿などをつけている人は、いつのまにか代数式を使っていることになる。代数式を使えば、数字が変わるごとにいちいち式を書き出す必要がない。たとえば収入と支出の差の代数式は、収入や支出の数字が変わっても同じである。

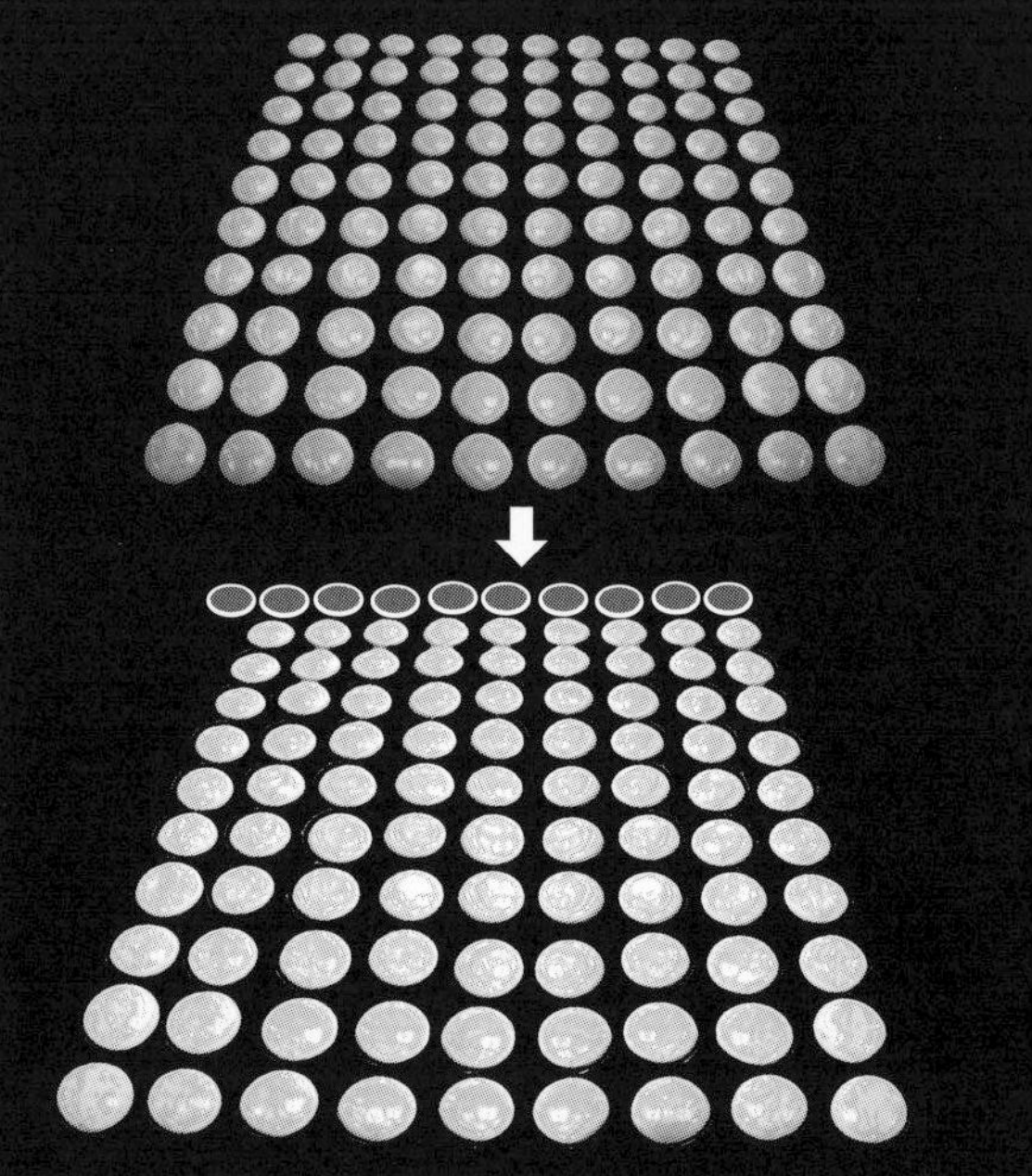

並んだまんじゅう、いま何個？

図形と代数式や関数は〝双方向的〟である。たとえば、「ピタゴラスの定理（三平方の定理）」は単純な代数式で表せるが、同時に13ページのような図で描くこともできる。図なら定理は一目瞭然、直感的にその意味を理解できるし、逆に代数式があれば、わざわざ図を描いて長さを測らなくても面積や辺の長さを求められる。

そこで単純な数式を図式化してみる。たとえば、20×20は400とすぐにわかっても、21×19を暗算しろといわれたらちょっと困惑する。そこで次のような図を思い浮かべてみる（**図3**）。

図3 ⬆10個×10列に並べたまんじゅうから1列取り出し、横向きに置く。するとまんじゅうは11個×9列になって列から1個はみ出す。本文の例は21×19だが、考え方は同じ。

縦に20個ずつ並んだまんじゅうが20列分ある。合計400個だ。その1列をとって横向きに並べ変える。すると1列の長さは21個ずつになるが、列の数は19しかないので、1個だけ横にはみ出る。これで、21×19は400より1少ない399個とわかる。

ちなみに、縦横1列のまんじゅう20個をxに置き換えていまの手順を代数式で書くと、$(x-1)\times(x+1)=x^2-1$となる。x^2は400だから1を引けば答はやはり399である。たとえこの代数式の計算法を知らなくても図ならすぐにわかる。つまり**複雑な代数式は図式化することで、しばしば直感的に理解できる**。

逆に図形の性質を調べるときは、**座標を用いて図形を代数に変えれば、〝扱いやすく〟なる**。代数式はふつうの数式や図形を〝一般化〟する、つまり共通の性質を抽出する方法なのだ。楕円と円のように互いに似た図形は代数式も似ている。また、形が同じで大きさだけが異なる図形は同じ代数式で表せる。代数式は非常に便利な手法なのだ。●

等比級数

「等比級数」で誰でも巨万の富？

栄華の絶頂にある豊臣秀吉をたやすく降参させることはできない。だがとんちの天才にとっては話は別――

曽呂利新左衛門、大阪城に登城す

豊臣秀吉が〝天下人〟であった時代（16世紀末）、いまの大阪に**曽呂利新左衛門**（**図1**）という男がいた。昔からよくこどもマンガなどにも描かれてきたので知っている読者も少なくないはずだ（架空の人物かもしれないが）。曽呂利はもともと鞘師（さやし）、つまり刀の鞘をつくる職人だったが、茶道や和歌にも通じ、とんちの効いた話で周囲を楽しませることでも知られていた。そのため曽呂利は一介の職人にもかかわらず、秀吉のお伽衆、すなわち学問や余暇のお相手役のひとりとして召し抱えられた。

あるとき曽呂利は秀吉と将棋で対戦して勝った。秀吉が「好きな褒美をとらす」と言うと、彼はこう答えた――「で

図1

←↓曽呂利新左衛門（左）が得た日々の米粒の量と総量。このトピックは1627年の日本の算術書『塵劫記』に見られる。

左図／十里木トラリ

表1

日数	（粒）	総量（粒）
1	1	1
2	2	3
3	4	7
5	16	31
10	512	1023
20	524,288	1,048,575
30	536,870,912	1,073,741,823
50	562,949,953,421,312	1,125,899,906,842,623

は1日目に米1粒、2日目に2粒、3日目に4粒、4日目には8粒と、**日ごと倍の数の米粒を将棋盤のマス目の数と同じ日数だけ**いただきとうございます」

「欲のない男だの」と秀吉は答え、「おぬしの望み通りにして進ぜる」と約した。曽呂利はひとりほくそ笑んだ。

1カ月の米粒で秀吉を降参させる法

曽呂利が秀吉の答を喜んだのは、彼の脳裏にいまで言う「**級数**」があったからだ。**級数とは、ある簡単なルールに従って変化する数（数列）の各項をすべて合計した数**のことである。

この日以後、曽呂利が日々受け取る米粒の数は「**等比数列**」、つまり**隣り合う2つの数の比（比率）が同じ**数列に従っている。たとえばこの比を2倍とすると、1日目から順に1、2、4、8、16、32、64…となる。この数列は2をかけた回数（指数）で表しても同じことだ。その場合は2^0、2^1、2^2、2^3、2^4、2^5…とシンプルに記述でき、たとえば5日目にもらう米粒の数は16、6日目は32となる。

だが前記のように、曽呂利がもらう米粒の合計は級数（この場合は「**等比級数**」ともいう）である。たとえば1～5日目までを級数で見ると、1＋2＋4＋8＋16の合計31粒である。6日目は5日目の16粒の2倍で32粒なので、その日までの級数（総量）は6日目の分を加えて63粒となる。逆に見ると、**ある日までの総量は翌日受け取る量から1粒引いたもの**となる（**表1**）。同じ関係は受け取る量と総量の間でつねに成り立つ。

こうして見ると、曽呂利が10日目までに拝領した米は2^{10}マイナス1（＝1024マイナス1）で、1023粒となる。これは1合の1／5にも満たないので、秀吉も賄い方も気にも留めない数である。

だが20日目頃から雲行きがあやしくなる。その日の下賜米の量は52万4288粒、総量は104万8575粒で、重さは約24kgだ。そして25日目には総量はなんと約770kgまで嵩（かさ）んだ。30日目まで続ければ総量は10億7374万1823粒、これは160石以上、いまの単位では25トンである！

いかな天下人秀吉も30日を待たずに降参である。秀吉は31日目や32日目にどうなるか計算できなかったかもしれないが、能吏の家臣石田三成ならすぐに気づいたはずである。

曽呂利との約束の最終日、つまり将棋のマス目の数となる81日目には、米の総量は5・6×10^{16}トン、つまり5600兆トンのさらに10倍という天文学的数字をも超えた数字になる。

ちなみに現在の日本の米の年間生産量は約800万トン、世界全体では約5億トンである。81日目の数字はその1億2000万倍――人類が絶滅するまで世界中で米をつくり続けても、曽呂利新左衛門への借りを返すことはできない。

100までの足し算を一瞬でこなした少年

曽呂利の米の級数は指数関数的に大きくなり、ついには無限大に達する。このように**級数が最終的に無限大に達することを数学では「発散する」という。**

発散する級数は少なくない。たとえば、1、2、3、4、5…という自然数を足す級数もそうだ。自然数は限りなく大きくなるので、計算するまでもなくその級数は無限大に向かう。だがその計算法は存在する。

18世紀の数学者**カール・フリードリヒ・ガウス**はこの級数の求め方を10歳頃に思いついた。教師が1から100までの数をすべて足す課題をガウス少年のクラスに出した。まわりが懸命に計算する中、ガウス少年はすぐに5050と答えた。驚く教師に彼は、1と100、2と99、3と98のように合計して101になるペアを作ったと説明。100までならこのペアは50個できるので、101×50で5050となる。

ではその逆数、すなわち1／2、1／3、1／4、1／5…のような級数はどうか？　この数列では**各項はしだいに小さくなり、最後は0に近づく。だが奇妙なことにこの級数も最終的には無限大になって発散する。**こうして数は無限大へと向かいたがる性質をもっている。ただしすべての級数が発散するわけではないが……●

図2　収束する級数

全体2

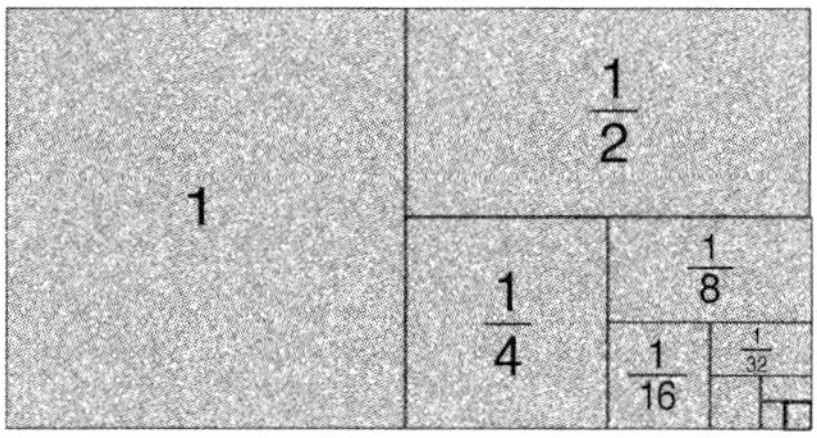

1　$\frac{1}{2}$　$\frac{1}{4}$　$\frac{1}{8}$　$\frac{1}{16}$　$\frac{1}{32}$

$$S=1+\frac{1}{2}+\frac{1}{4}+\frac{1}{8}+\frac{1}{16}+\frac{1}{32}\cdots\cdots$$

図3　⬆図の正方形と長方形の面積は1/2、1/4、1/8…のように小さくなる。このように隣の数との比が1/2になる等比数列の級数は、図のように最終的に2に収束する。答を計算するには式の両辺に1/2をかけ、元の方程式から新しい方程式を引き算すればよい。

パート3
4
微分

飛ぶ矢はいつでも止まっているか？

人口はどのように増え、台風はどうやって成長し、地震波はなぜ減衰するのか？——すべては微分が答えてくれる。

「微分」が必要な人と不必要な人

微分は何の役に立つのか？　微分を知らないと困ることがあるのか？　〝微分〟というからには**何かを微細に分かつ**のであろう——

おそらく知らなくても何の問題もない人が世の中の大半であろう。しかし知らないとおおいに困る人々もいる。企業や研究所で科学技術などに関連する仕事にたずさわっている、あるいは大学入試が控えているなどの場合だ。またとくに必要はなくても常識や趣味の知識として知っておきたいという人もいるかもしれない。

微分という数学の手順は、現実世界を数学的に記述しようとするあらゆる分野で用いられている。ただし現実世界を厳密に微分することはできないので、これは形式上の、つまり近似的な手法の話だ（後述）。機械類の運動や振動の力学、ニュートンの第2法則（物体の加速度）、放射性物質の崩壊過程、液体や気体の波動運動——きりがないほどさまざまな分野で微分は不可欠である。

微分について知ろうとしてインターネットで平明な解説を探してもなかなかよい説明は見つからない。そこで、そもそも微分と呼ばれる数学的手法をいつ誰が、なぜ考え出したのかを歴史的に遡及すると、理解は一足飛びに進むことになる。

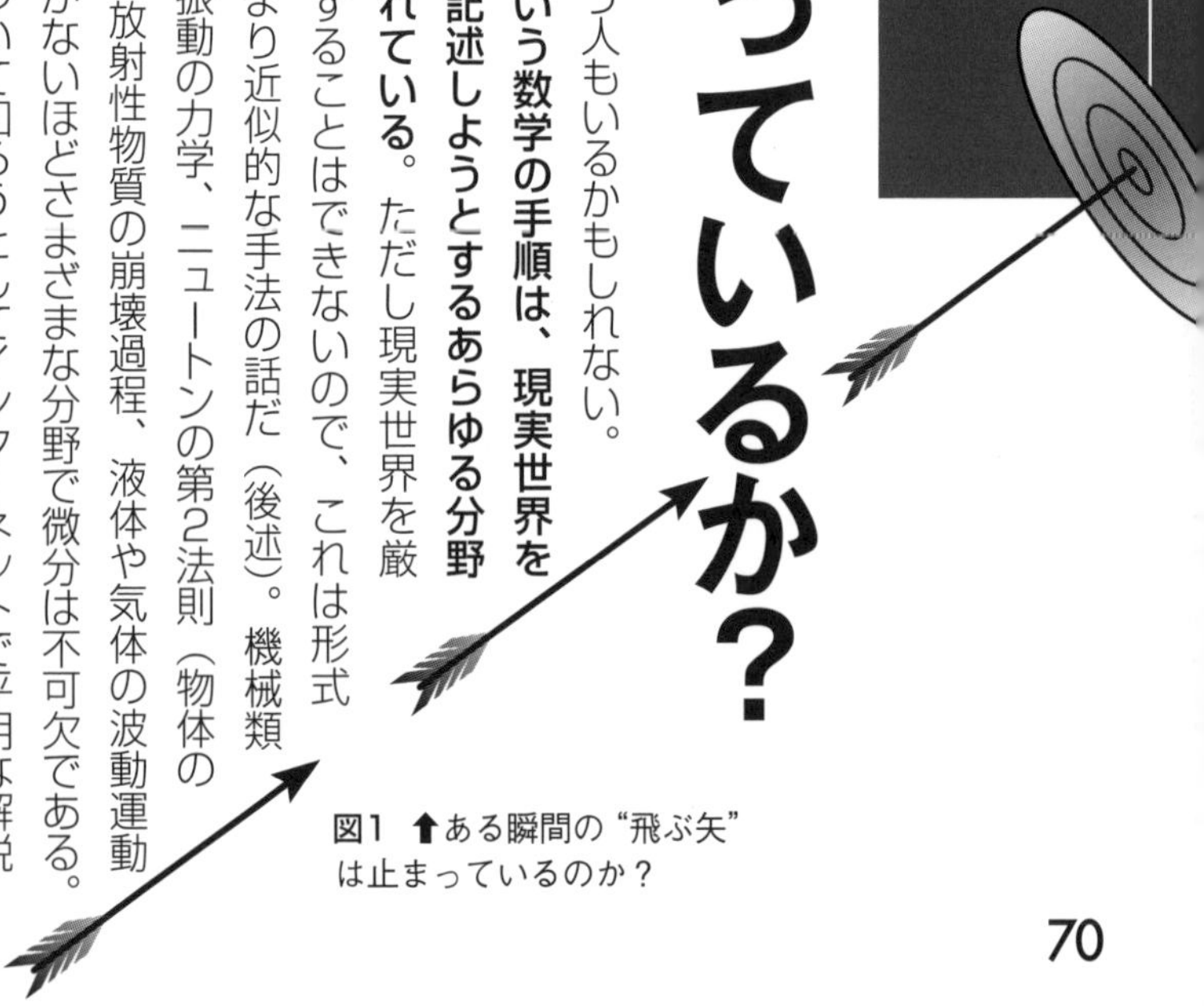

図1　⬆ある瞬間の“飛ぶ矢”は止まっているのか？

座標
関数とグラフ
等比級数
微分
積分

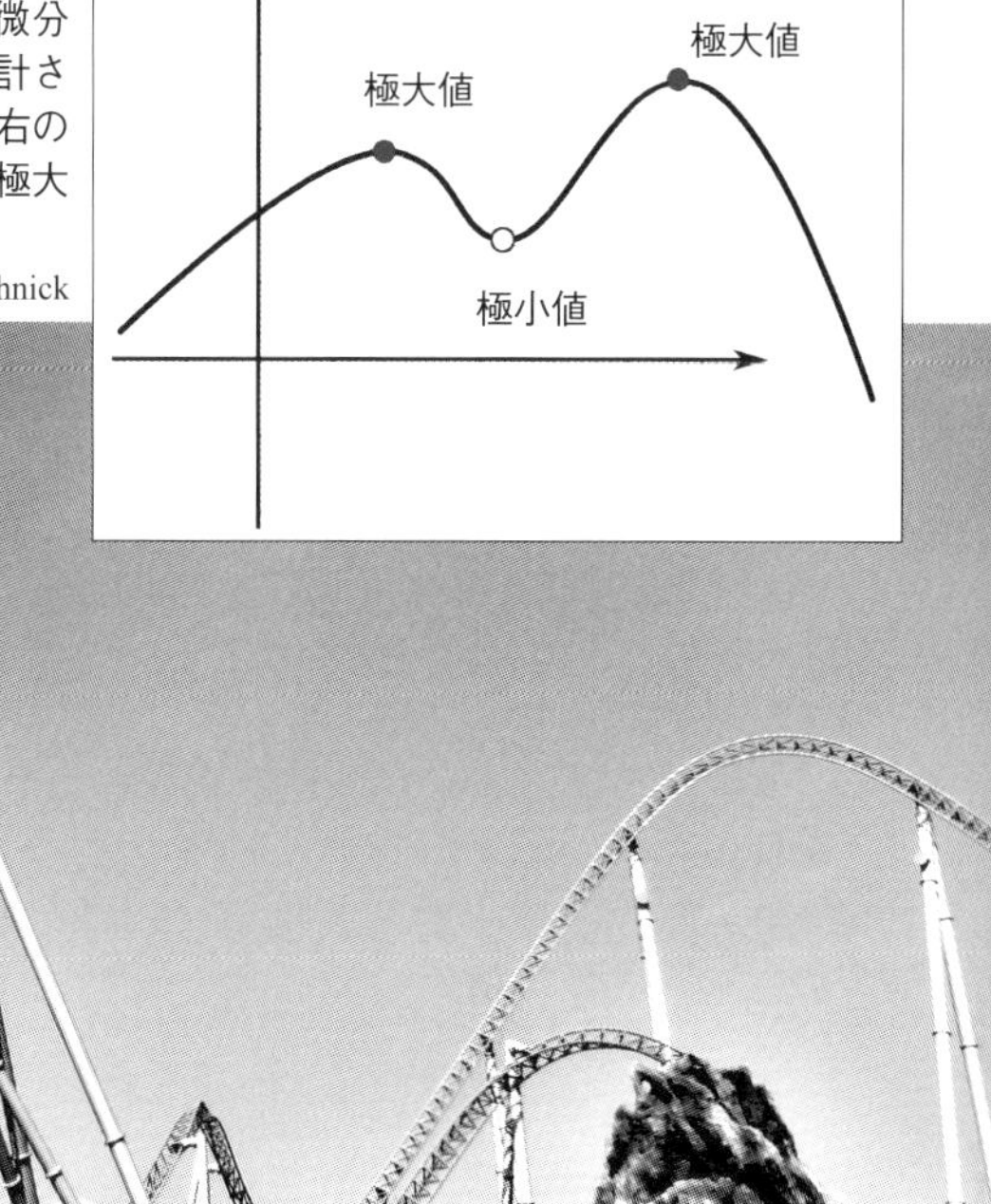

図2 ⬇➡ジェットコースターの軌道は微分を利用してなめらかに変化するように設計され、加速度の急激な変化を避けている。右のグラフはコースターの高さ方向の変化。極大値や極小値では座席が水平となる。

写真／érémy-Günther-Heinz Jähnick

〝飛ぶ矢の瞬間〟をとらえる法

ある男が「**空中を飛ぶ矢は静止している**」と主張した。

そんなバカなことがあるはずはない。引き絞った弓から放たれた矢は標的にむかっていっきに飛ぶのだから、矢が空中で止まったりしたら標的にあたらず地上に落下してしまう。

それでも矢は止まると主張し続けたのは、読者もその名をまれに見かけるであろう**ゼノン**だ。同名の有名な男は複数いるが、ここで取り上げるのは「**弁証法**」と呼ばれる物事の論じ方を提唱したとされている古代ギリシアの思想家のほうだ。ちなみに弁証法は近代では、カール・マルクスの（問題ありの）弁証法的唯物論などとして知られている。

ゼノンは「矢がある瞬間に存在するところを見よ」と説いた。その矢はこの瞬間にはある位置にあり、次の瞬間には別の位置にある。瞬間だけをとらえれば矢はいつも静止している（**図1**）。つまり毎秒24コマで〝コマ送り〟される昔のフィルム映画を1コマごとに見るように、そこには**瞬間瞬間の静止した矢があるだけで、矢自体は少しも動いていない**ということである。

これは一種の詭弁、つまりものは言い様であり、だからこそ弁証法のタマゴともなった。そこで後の**アリストテレス**が反論し、「時間の長さがない〝いまの瞬間〟には運動も静止も存在しない」と哲学めいた反論を行った。アリストテレスは「そもそも瞬間を論じることは無意味」と言ったらしい。

現代のわれわれならいくらか数学的な反証を試みることができる。矢が50m進むのに1秒かかるとする。そのスピードは秒速50m、時速では180㎞だ。ではその半分の距離ではどうか？　25m進むのに0・5秒なのでやはり秒速50mだ。この距離をどんどん細かくする。10m、1m、10㎝、1㎜、0・1マイクロメートル——どこまで短くしても速度は秒速50mである。

そして距離を無限に切り分け、最終的にある瞬間を切りとったとき、そのスピードは？　もちろん秒速50mだ。この**「無限に切り分けて瞬間を切りとる作業」こそが、数学でいう「微分」と「積分」（別項）の出発点**である。

ゼノンの飛ぶ矢のパラドクスに対しては、アリストテレスだけでなく後の多くの人々がさまざまな視点から反証した。だが複数の反証を論じられること自体、何が真の反証かわからないということでもある。少なくともゼノンは、連続する物事を無限に切り分けることには何か特別の意味があると示唆したようなのだ。

ジェットコースターを微分する試み

ジェットコースターは遊園地の花形である。しかし、好き嫌いの分かれるアトラクションでもある。怖がりの人や心臓の弱い人には向かないからだ。だれでもレールに乗ったコースターが空に向かって上昇しはじめると緊張する。そして頂上をすぎて下降しはじめると体が宙に浮いて無重量になったと感じ、ついで急加速しながらいっきに自由落下する。

このようなジェットコースターの動きをグラフにするときれいな曲線が現れる。それは途中でガタンと落ちたり上方にピョンと飛び上がったりはしない。またレールが途中でとぎれることもない。レールははじめから終わりまで〝連続〟しており、しかも〝なめらかな曲線〟を描いている（71ページ図2）。

このように**連続したなめらかな曲線は「微分」することができる**。つまり曲線のどこでも、あたかもたくあんか羊羹を包丁で切るように切り分けられるだけでなく、望むなら無限小に、あるいは〝**無限短**〟に切り分けることもできる（理論上だが）。文字どおり数学で言う微分の作業である。その結果、**コースターの運動方向の「微分値」、つまりレールの傾き**を厳密に求めることができる。**微分とはすなわち、曲線または直線のある1点の傾き（＝変化率、平均変化率）**を示すものだ。

このジェットコースターが地上からの高さの頂点に達したとき、先頭座席に座る人は座席が一瞬、地面に対して水平になったと感じる。**山の頂点のこのいかにも不安定な瞬間が、微分でいう「極大値」**である。**極大値では曲線の傾きがゼロ（0）**になるのだ。

逆に、頂点から下に滑りきって次の山へと向かう瞬間が「**極小値**」となる。たぶん最大スピードとなるこの地点でそれと気づく余裕はないだろうが、ここでもやはり座席は水平、つまり傾きゼロとなる。

極大値や極小値（合わせて**極値**という）は必ずしもひとつではない。ジェットコースターが何度も昇り降りするように、山の頂上や谷底がいくつかあることもある。これらはすべて極大値か極小値で、傾きはゼロである。

曲線の極値は図を見れば一目でわかる。しかしグラフ上の点を正確に読みとることは難しい。そこで、数式（代数式、代数方程式）を使えば、さしあたり寸分の狂いもなくこれらの極値がわかる。

「無限小」の前提はウソから出たマコト

この極値を求める方法を最初に思いついたのはフランスの数学者**ピエール・フェルマー**（図3）ということになっている。フェルマーは裕福な家庭の出で裁判官や議員を務めたりもした。いまになってよく偉大な数学者などと形容されるが、彼の数学は単なる趣味で、著作も1作を除けば死後に子どもが発表した。これは彼が奥ゆかしかったからというわけでもない。

フェルマーはたびたび「私は難問を解いた」などと言っては答を手紙に書き、名の知られた数学者に送りつけた。だが答の出し方については何も書いてなかった。近年有名な「**フェルマーの最終定理**★1」だけを本に書き、「この余白

図3

★1　**フェルマーの最終定理**　ピタゴラスの定理（三平方の定理）は$x^2+y^2=z^2$という方程式で示される。この式の指数2を3以上の自然数に変えると、式を満たす自然数x、y、zは存在しないという定理。1995年、イギリスのアンドリュー・ワイルズが証明に成功した。

にその証明を記す余地はない」などと嫌みな一文を入れたりした。彼は他の数学者が難問に悩むところを遠くから想像してひとり悦に入っていた。

あるときフェルマーは、自分や同時代の数学者ルネ・デカルトが考え出した「**座標**」を目いっぱい利用して、曲線の極大値や極小値を求める方法を思いついた。極大値や極小値の近くでは曲線の示す値があまり変化しないことに気づいたのだ。そこで、極大値や極小値とその周辺の点の値が等しいものと仮定して代数式をつくってみた。**2点間の距離eをゼロ（e＝0）**と〝みなして〟、極小値を求めたのだ。つまり**〝無限短〟の2点間の傾きがゼロ**になる点を探索したのである。みなして、というのは、距離ゼロの傾きは求められないので近似させたということだ。

フェルマーがこの手法をデカルトに手紙で書き送ったとき、おり悪しくデカルトもまた極値を求めるまったく別の方法を思いついていた。デカルトには自分が「直交座標」とその利用法を確立したという自負もあり、それでなくともフェルマーによい感情を抱いていなかった。フェルマーが以前、デカルトの著書『方法序説』の記述の誤りを指摘したことがあるが、この著書が発行される前の原稿か試し刷りがデカルトの知らないうちにフェルマーの手に渡っていたという不快な出来事があった。

デカルトはフェルマーの単純な極値の求め方を痛烈に批判した。フェルマーがeなる距離を仮定したことが許せなかった。さきほどのe＝0の件である。それは「**虚偽の前提**」、すなわち実在しないものを便宜的に事実のように扱っているというのだ。

だが、このeこそが微分を生み出すことになった。**2点間の距離をしだいに縮めてゼロに近づける**というその便宜的手法が微分の骨子になったのだ。実際、微積分の創始者とされるアイザック・ニュートンは、フェルマーの手法から微積分を思いついたと書き残している。

高速道路のジャンクションも微分の産物

ジェットコースターを設計するときには、安全性や乗客の体の負担を考え、軌道曲線の微分や加速度（＝速度の微分）の変化の計算が必要になる。遊園地に行ったときに宙返りコースターを真横から観察して見ると、**宙返り部分が円ではない**ことがわかる。毛編みのセーターから飛び出した毛糸のようなループを描いている（図2）。

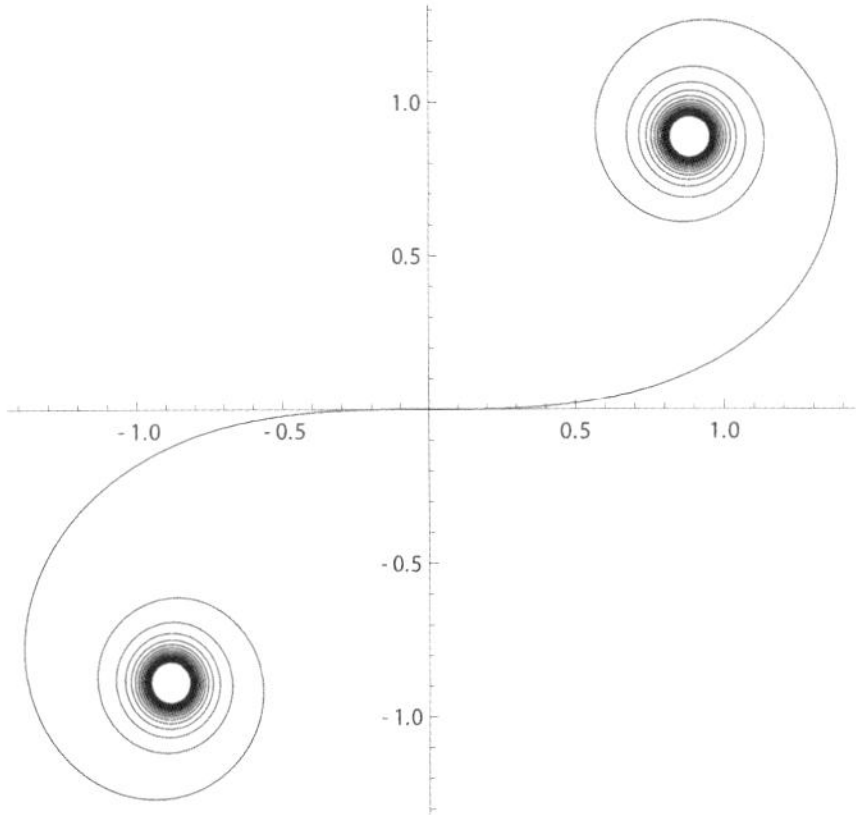

図４ ⬅高速道路のジャンクションは、曲率が少しずつ変化する「クロソイド曲線」（下図）にもとづいて建造されている。

写真／austrini、図／D.328

19世紀半ばにフランスで誕生した世界初の宙返りコースターは円形だった。そのコースターでは、猛スピードで円軌道に突進して急激に上方に向かうため頸椎を痛める客が続出した。急激な向きの変化はすなわち加速度の急変化である。そこで後に、乗客の体に負担がかからないよう加速度が徐々に変化するループ状の宙返り軌道が考えられた（国内ではつい先年まで、走行中に何度もガタンと急激に向きを変え、頸椎損傷を起こすおそれの高いコースターも存在した）。

このループは曲率が少しずつ増加し、つまり徐々に曲がり方がきつくなり、目指す円弧に達したら半円を描き、ついで曲率が徐々に減って曲がり方が緩やかになる。このように**曲率が少しずつ変化する曲線は「クロソイド曲線」**と呼ばれる（**図４下**）。糸巻き棒からくり出す糸にも見えることから、ギリシア神話の運命の糸を紡ぐ女神クローソーにちなむ命名である。

同様の設計は高速道路でも見られる。東京の首都高速道路や阪神高速環状線には**ジャンクション**つまり分岐合流点が多く、合流と分岐を頻繁にくり返す（**図４上**）。複雑怪奇に見えるが、ジャンクションで本道を逸れるときでも、車は減速せずに流れに乗って次の道路に移行できる。これはジャンクションが、ドライバーに急ハンドルを切らせないようにクロソイド曲線で設計されているからだ。

ジャンクションでは、車のスピードが一定ならハンドルも一定の割合で切り込んで（角度を与えて）いけばよい。ジャンクションは数学的に見ると曲率の変化率、つまり**曲率が変化する割合が一定**なのだ。●

パート3 5

積分

「積分」で太陽の大爆発を計算する法

絶えず運動し変化するものをどうすれば数量としてとらえられるか？　この疑問に答えるためにニュートンやライプニッツが発明した便利ツールが微分や積分である。

人工衛星を破壊する巨大な太陽フレア

これまで世界各国は、地球の周回軌道に8300基以上の**人工衛星**を打ち上げてきた。2019年はじめの時点で、そのうち4900基以上がわれわれの頭上を飛び続けている。すでに機能を止めて〝宇宙デブリ〟（宇宙ゴミ）となったものを含めると、その数は何十万、何百万個である。

だが人工衛星が宇宙ゴミと化すのは単に寿命が来たり通常の機械的トラブルのためばかりではない。ハリウッドのSFホラー映画を思わせるような自然現象、それも太陽の激越なエネルギー活動が人工衛星を破壊・故障させることが少なくないのだ。

2003年10月28日、**太陽表面の大爆発**である「**太陽フレア**」が発生した。それも最大級の巨大爆発で、**フレア（爆発で生じる火炎）の大きさは地球を数十個**集めたほど途方もなく巨大であった。

このときフレアから放出されて太陽系宇宙に広がる超高エネルギーの衝撃波や電磁波、それにともなう陽子や電子

図1　⬆微分と積分の表記法もライプニッツの野心の産物。

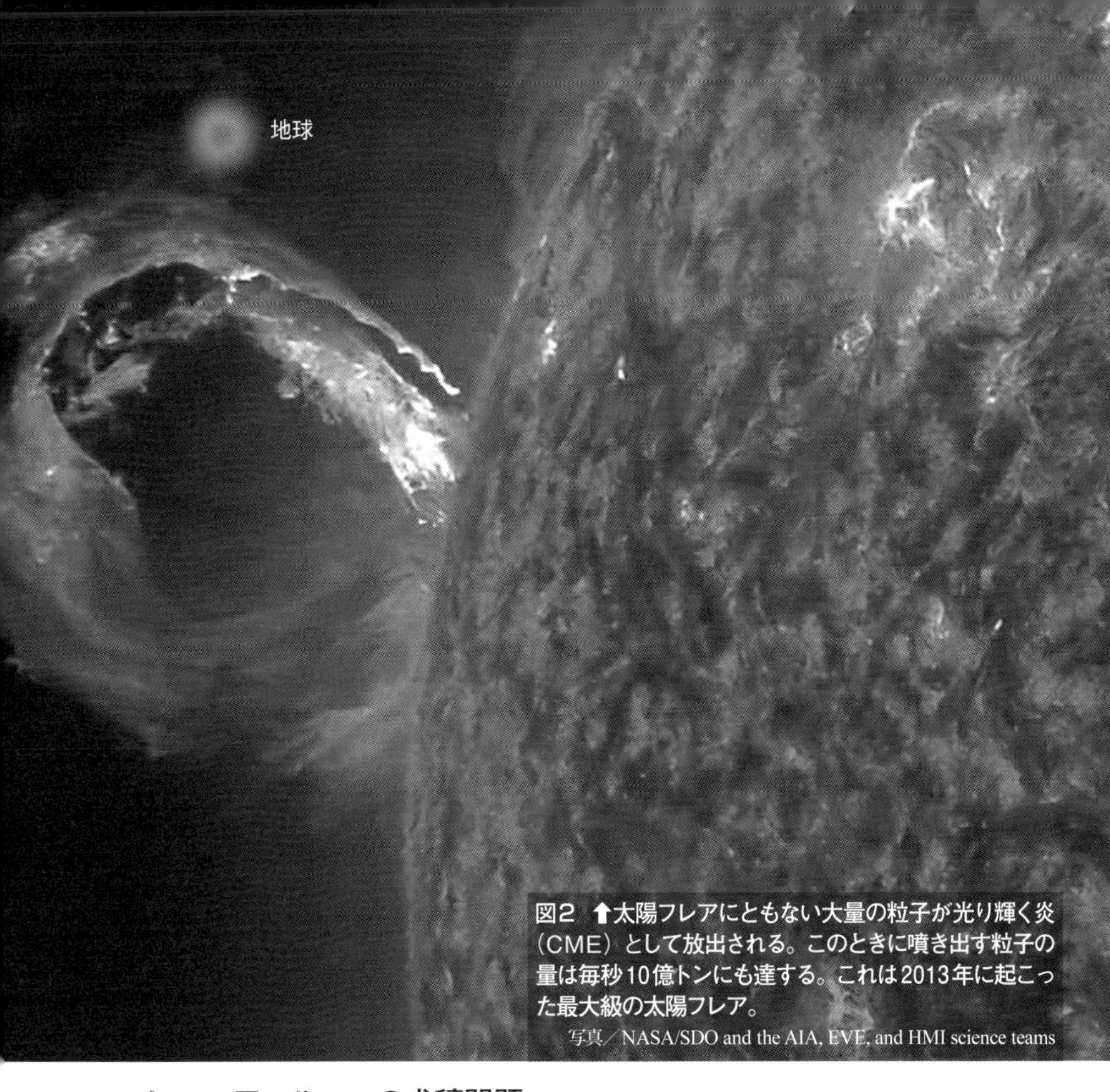

図2 ⬆太陽フレアにともない大量の粒子が光り輝く炎（CME）として放出される。このときに噴き出す粒子の量は毎秒10億トンにも達する。これは2013年に起こった最大級の太陽フレア。

写真／NASA/SDO and the AIA, EVE, and HMI science teams

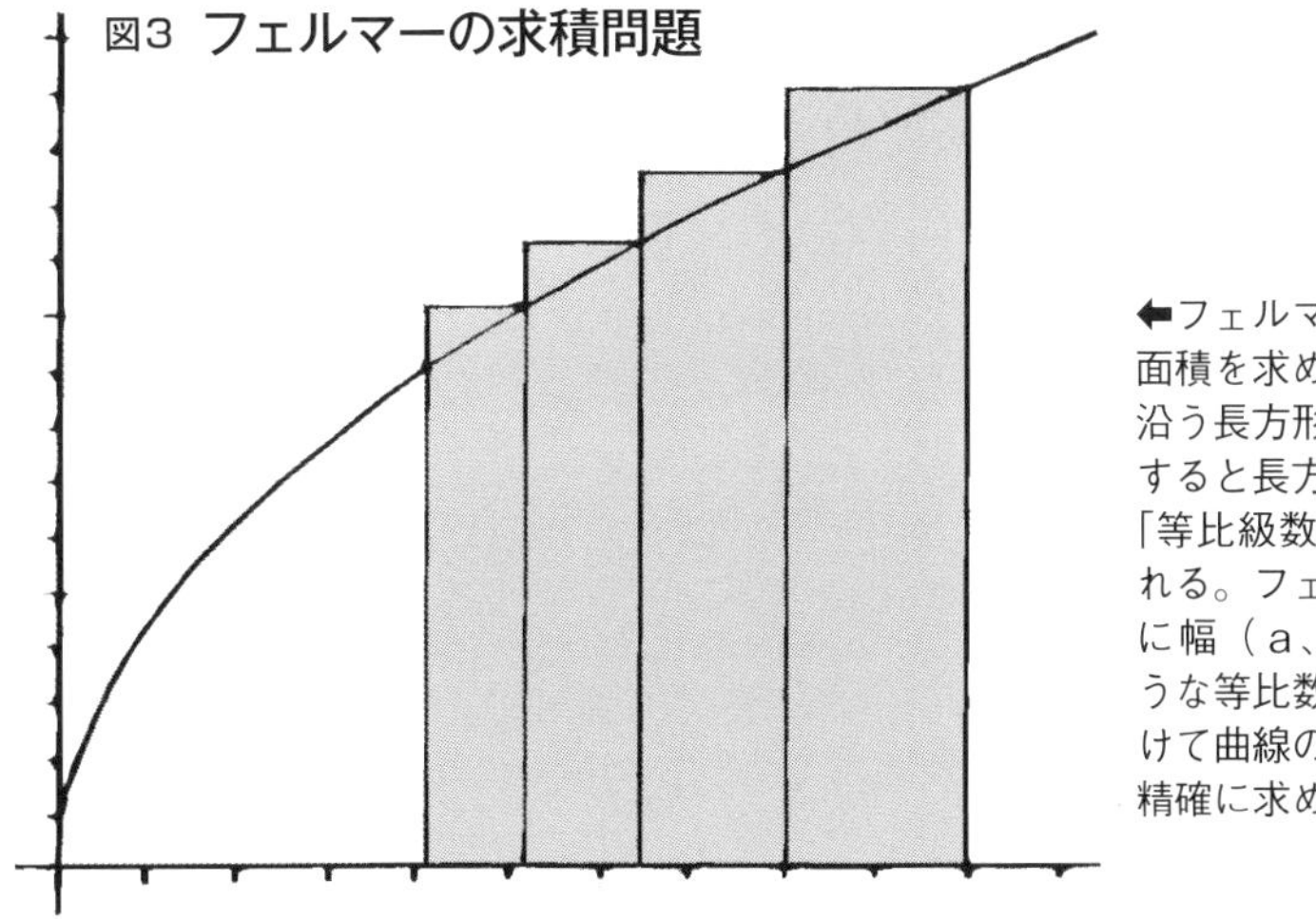

図3 フェルマーの求積問題

⬅フェルマーは曲線の下の面積を求めるため、曲線に沿う長方形を多数描いた。すると長方形の面積の和は「等比級数」として求められる。フェルマーは最終的に幅（a、a^2、a^3…のような等比数列）を0に近づけて曲線の下の面積をより精確に求めた。

の放出（CME：コロナ質量放出）はたちまち地球にも襲来した。そのとき何が起こったか――まず**多数の人工衛星が破壊され、故障し、シャットダウンさせられた**。同年5月に打ち上げられた日本の**小惑星探査機「はやぶさ1号」**もこのフレアや続く太陽活動によって太陽電池パネルが深刻に損傷した。高度400㎞を飛行している**国際宇宙ステーション（ISS）**は、地球周辺を襲ってきた荷電粒子と光圧の衝撃によって高度が大きく低下した。後に人工衛星の多くは復旧したが、**一部は修復不能**となった。

日本の電力消費100万年分！

人工衛星にこれほどの被害をもたらす太陽フレアはどんなエネルギー現象か？　**最大級の太陽フレアのエネルギーは1000兆ジュールのさらに100億倍**である。これは**日本が1年間に消費する電力の100万年分**であり、**広島型原爆2000億個**が同時に爆発したに等しい。

だがこれは観測から求められる数値ではない。というのも、宇宙における天体現象のエネルギーの大きさは地球から観測しただけではとうてい求められないからだ。

太陽フレアの場合、さまざまな波長の電磁波や荷電粒子のエネルギーとその強さを持続的に測定し、それらを短い時間で区切り、その上で観測できない領域も含めて合計して（積分して）はじめて、全エネルギーを求めるという複雑な手順が必要である。こうして合計する手順こそが、本稿のテーマである「**積分**」である。つまり**積分とは、ある事物や現象を時間的にうすく切り分け、それらを合計して全体像を描き出す作業**である。

だがわれわれは、物事についてのわずかな知識や理解を振りかざして知ったかぶりをしてはいけない。大自然はつねに人間の知能レベルをはるかに超えているからだ。フランスの数学者で太陽系研究者の**ピエール‐シモン・ラプラス**はこう述べた――「**自然は積分の困難をあざ笑っている**」。人間は自然界の多様な現象を微分や積分によって明らかにしようとする。だがその自然現象自体は、人間の技である数学などとは何の関係もなく存在するということだ。

あらゆる図形は〝動き〟の産物

積分は、曲線で囲まれた面積の求め方、すなわち「**求積問題**」から始まった。

古代の数学者はこの問題を、曲線の内部にいくつもの図形を描くというきわめて複雑な手法で解こうとした。大きな図形の余白部分を小さな図形で埋め、それらすべてを合計するというものだ。これは「**取り尽くし法**」と呼ばれ、後世の数学者に引き継がれた。

あの**アイザック・ニュートン**もこの手法を学んだ。彼は学生時代、古典的数学を学ぶ一方で同時代のヨーロッパ大陸の数学にも目をむけ、その中で求積問題にも興味をもった。彼がとくに注目したのは、曲線の下に長方形を描く**フェルマー**の手法であった（77ページ**図3**）。フェルマーは長方形を多数描き、その幅をしだいに狭めて0に近づけることで面積の精度を高めようとした。

だがニュートンは、彼に先行する数学者たちとは違って、**運動するものの中に図形を見ようとした**。直線を移動すれば長方形が生じ、円を回転させれば球が生まれるというように。これは、彼がガリレオの力学実験やケプラーの惑星運動の法則を学んでいたおかげかもしれない。

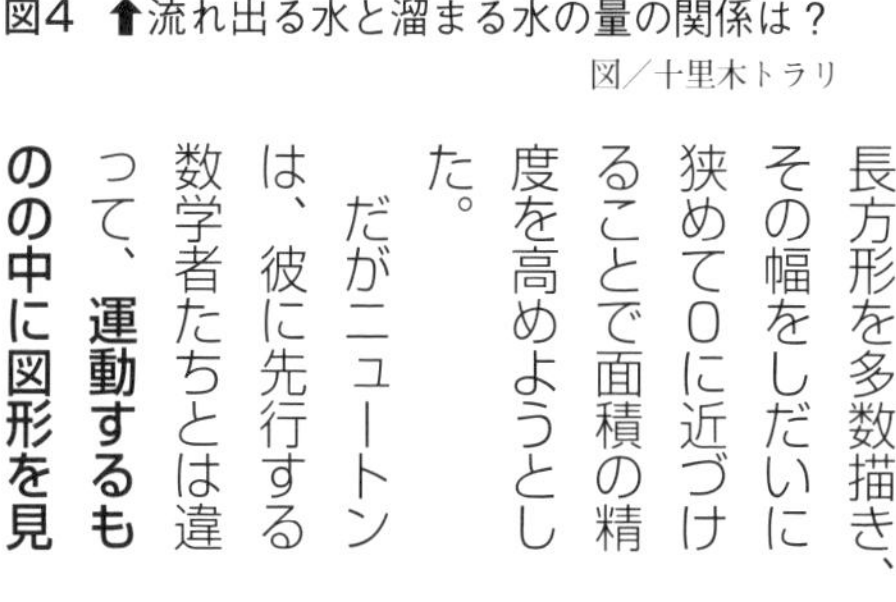

図4 ⬆流れ出る水と溜まる水の量の関係は？

図／十里木トラリ

ニュートンは、運動する物体がどうやって速さを増していく（加速する）のか、雨が降ると湖の水位はどのように上昇するのかといった自然界の変化を凝視した。求積問題でも、単に「面積はどのくらいか」ではなく、「**曲線はどう変化し、面積はどう増えるか**」と考えた。

ニュートンは変化を「**流率**」（**流量率**のほうがわかりやすいかもしれない）、流率が積み重なった量を「**流量**」と呼んだ。水栓をひねったとき、水がちょろちょろ出てくるか勢いよく噴き出すかが流率であり、その水を貯めたものが流量である（ガスのような気体、海流、道路の交通量などでも同じ。**図4**）。ニュートンは「**流率とは〝最小の単位時間〟に生じる流量の増加**」と説明している。

流率と流量は微分と積分の見方そのものだ。微分はすなわち曲線の傾きであり、流率と同じく変化量を無限小で割ったものである。そこでこの**流率をすべて合計すれば、積分の結果としての流量が求められる**。

自転車ツーリングの微分と積分

瀬戸内海に面する広島県尾道と愛媛県今治を島伝いに結ぶ「瀬戸内しまなみ海道」には自転車歩行者道がある。点在する島々とそれらをつなぐ10本の橋梁の景色を堪能できる地元の人々にはおなじみのルートだ。

海辺の道を自転車で走るのはどこでも快適だが、とりわけこのルートでは、上り下りのほとんどない平坦な橋を一定速度で走ることができる。速度計やスマートフォンのアプリを使うと、**速度がほぼ横一直線**になる。**進んだ距離は単純に速度×走行時間**である。

これに対して島の海岸線をめぐる道はアップダウンが大きくカーブも多い。サイクリング初心者は速度を一定に保つことができない。カーブや登り坂では速度は落ち、疲れるとペダルに力が入らない。下り坂ではいっきに速度が上がり、**速度曲線は忙しく上下**する。これでは**走行距離（図5の曲線の下の面積）**は簡単には求められない。

そこで積分の出番である。時間をこま切れにして自転車の平均速度を出す。そして**時間×平均速度、つまり積を次々に足していく。距離を精確に求めるには時間の区切り方をより短くし、ついには時間0まで近づける。**すると、**移動距離（＝積分値）**が求められる。

他方、自転車の速度ではなく〝移動距離〟を記録しながら走ることもできる。その場合は、**距離の曲線を時間で微分すれば速度になる。**つまり**微分と積分は〝逆の関係〟**にある。数学用語で言えば**積分は微分の「逆演算」**である。逆演算とは、割り算に対するかけ算のことであり、足し算に対する引き算のことでもある。

ライプニッツが夢見た〝万能コンピューター〟

微積分のもう一方の雄はドイツの**ゴットフリート・ライプニッツ**（76ページ**図1**）である。ニュートンより4歳下の彼は法律や歴史研究に秀で、外交官でもあった。当時のドイツの有力諸侯に仕え、フランスのルイ14世に謁見したこともある。彼はそこで、ドイツ進出の野心を抱くルイ14世の矛先をそらそうと、スエズ運河掘削とエジプト遠征を進言した。他方、錬金術に没頭したり不老不死を目指す結社薔薇十字団に入ったりもした。

★1　アルゴリズム
問題を解くための計算や操作の手順のこと。9世紀に『代数学』などを記したイスラムの数学者アル・フワーリズミーが語源とされる。コンピューターはアルゴリズムに従って問題を解いている。

図5　走行距離の求め方

⬇自転車の平均速度（単位時間に走る距離）について、時間を無限に短く区切って足し合わせると、走行距離となる。

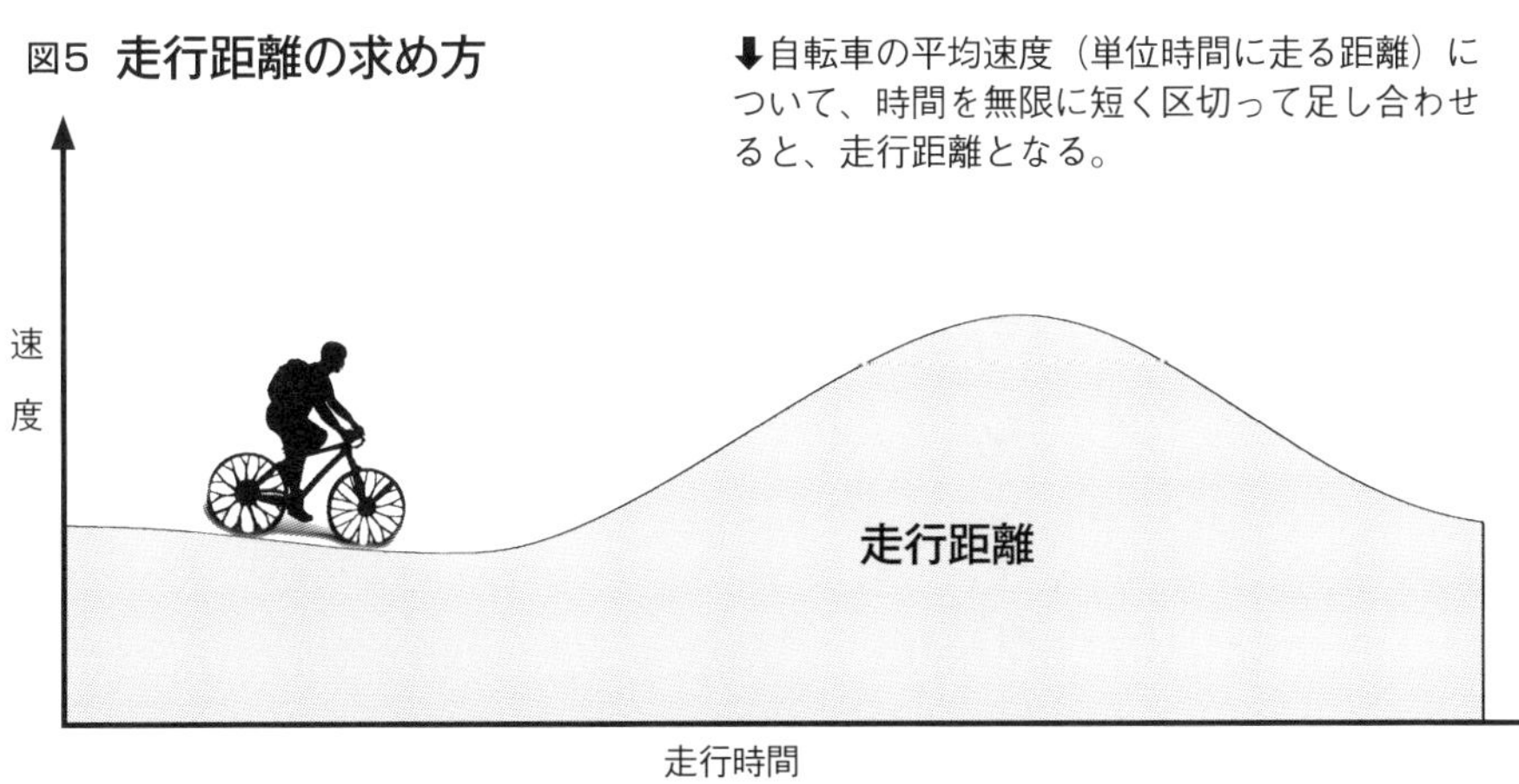

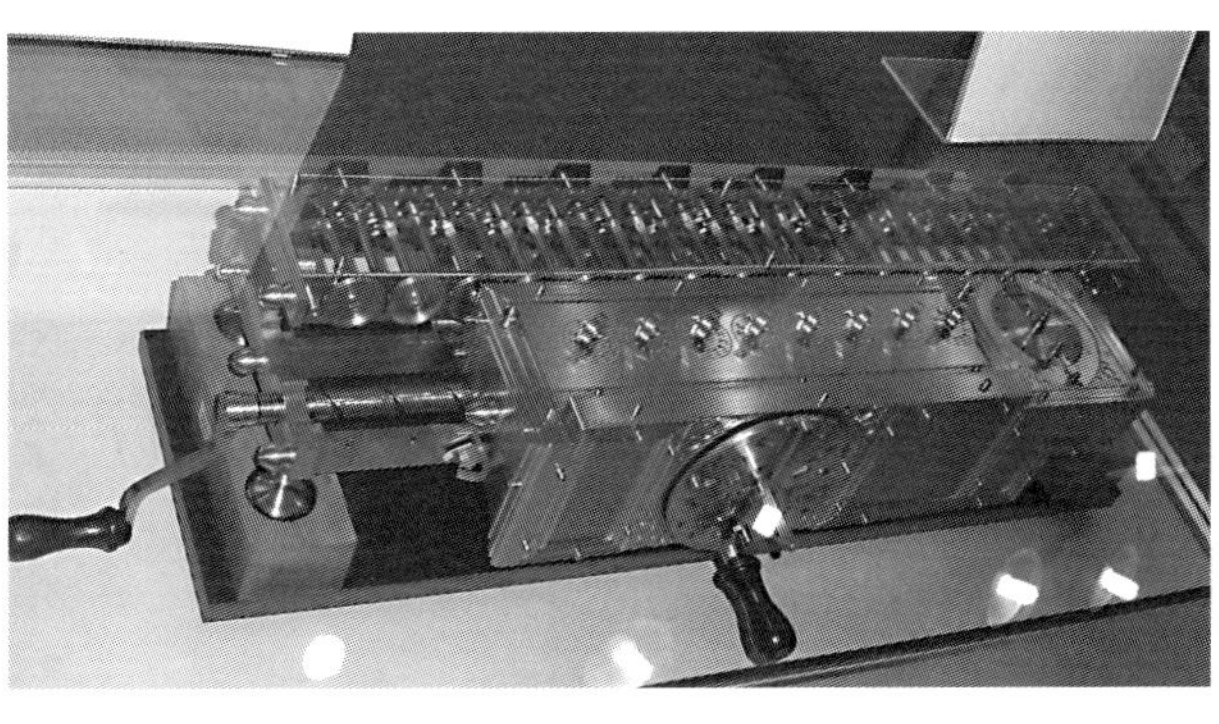

図6　⬅ライプニッツが1672年頃に考案した機械式の計算機。ハンドルを手回しすると、足し算、引き算、割り算、かけ算という四則演算を行う。写真／Technische Sammlungen Dresden

ライプニッツが数学に関心を向けたのは20代も後半に入ってからで、とりわけ級数や求積問題に没頭し、**円周率パイ（π）を示す級数**を発見している。驚いたことに、奇数の逆数（1を奇数で割った数）を交互に足したり引いたりしていくと（$1-\frac{1}{3}+\frac{1}{5}-\frac{1}{7}+\frac{1}{9}-\frac{1}{11}\cdots$）、しだいに円周率の4分の1に近づくのだ。その後10年ほどで彼は微分と積分の基本的な概念にたどり着き、両者が逆さまの関係にあることにも気づいた。

ライプニッツの業績のひとつは〝**記号（シンボル）**〟の使用である。彼はさまざまな学問のもつ**論理を記号で表して計算可能にする**という野心を抱いていた。いま風に言えばあらゆる事象を論理化する**アルゴリズム**★1の試みである。そしてそのための第一歩として彼は、かけ算や割り算を行う計算機〝**ライプニッツの車輪**〟（**図6**）を組み立てた。この計算機は、1970年代まで400年にわたって世界中で使用された手回し式計算機の原型である（いまでも〝昭和のレトロ計算機〟としてヤフオクに出品されている）。

彼は**関数をf(x)と表記した。**fは関数、xはfを決定する変数である。つまりfはxによって決まることを示している（関数についてくわしくはパート3の2を参照）。

また彼は、微分の表記法としてd（差異を示すドイツ語の頭文字）という文字を用いた。**dは無限小に近い差異を表す記号**である。この表記法でいえば、**関数y＝f(x)を微分するには、「dyをdxで割り算してdxを0に近づける」**ことになる。

他方、積分にはSを縦に引き延ばした奇妙な文字（**図7**）を考案した。この記号はすべての和（ラテン語でsumma）を意味し、積分記号として〝**インテグラル・シンボル**（単にインテグラルとも）〟と呼ばれる。1684年にライプニッツは微分についての論文を、2年後には積分の論文を書き上げ、「博学論集」という論文誌に発表した。

ニュートンとライプニッツの陰湿な闘い

当初は何も問題がなかった。ニュートンは自著『プリンキピア』の初版で「ライプニッツは自分と同じ微積分法を考案した」と言及したし、ライプニッツもまた93年にニュートンに敬意をこめた手紙を書いている。

$$\int_a^b$$

図7 ←aからbまでの積分を示す積分記号（インテグラル・シンボル）。Sを上下に引き伸ばしたもの。

だが、ライプニッツが論文でニュートンに触れていないことがニュートン信奉者の目に止まった。しかもヨーロッパ大陸では、スイスの数学者**ベルヌーイ兄弟**がライプニッツの記号法を使って微積分を行い、その手法がライプニッツの微積分法としていっきに数学界に広まった。

イギリスの数学者たちはニュートンが正当に扱われていないと感じた。彼らはニュートンははるか以前に微積分（流率と流量）を発明し、ライプニッツは2番煎じに過ぎないと主張した。それだけでなく、ライプニッツを剽窃者とそしりはじめた。ライプニッツはニュートンの手紙や手稿をもとに微積分を作ったのだという。たしかにニュートンは手紙にアナグラム（文字の入れ替え）を使って微分の見方を匂わせたらしい。しかしその解読は容易ではなく、ヒントにもならなかった。

1711年ライプニッツはニュートンの流率のことはまるで知らなかったと抗弁、またベルヌーイ兄弟の弟ヨハンはニュートンが犯した数学的間違いをあげつらい、ニュートンは真に微積分を見いだしたわけではないとほのめかした。ライプニッツ自身も**匿名でニュートンが高度な微分で間違えたと指摘**した。

ニュートンも負けていなかった。彼もまた**匿名でライプニッツの著書を批判し、『プリンキピア』からはライプニッツへの言及を削除**した。

1716年、ライプニッツは微積分を使わないと解けない超難問を発表した。これは多くの数学者に向けたように見せかけてはいたが、実際にはニュートンへの挑戦だった。だがニュートンは、74歳となってすでに数学から離れていたものの、それを1日で解いてしまった。

この年の11月、ライプニッツは死んだ。彼は諸侯に仕え、ベルリン科学院の初代院長にもなったが、最後はほとんど誰からも忘れ去られ、その葬儀には1人が付き添っただけだった。対照的に約10年後、ナイトの称号を得たニュートンの死に際しては、ウエストミンスター寺院で華々しい葬儀が執り行われたのだった。

後世が判断する真の勝者

では勝者はニュートンか？　たしかにニュートンはライプニッツよりはるかに早い時期に微積分法にたどり着き、かつ微分と積分が逆演算であることを見いだした。だが表記を工夫しはじめたのは、ライプニッツが微積分法を発表して以降だったらしい。しかも微積分自体まったく新しい概念とはいえない。前述したようにフェルマーが微分と積分の基礎的見方を提出していたし、ほかにも多くの数学者が積分の基礎となる求積法や級数の求め方を発表していた。ニュートンはこうした先人の成果を元に微積分法を生み出した。

この点ではライプニッツも同じだったが、**ライプニッツは独自の哲学から記号を重視し、わかりやすい微分と積分の表記を考えた**。これが成功したことはライプニッツの表記法が現在も使用されていることでわかる。彼にはベルヌーイ兄弟という強力な支援者もいた。彼らは微積分法を応用して多くの数学分野を開拓した。他方イギリスの数学者たちはニュートンの流率法はライプニッツの表記より洗練されていると強弁し、ニュートンの手法を使い続けた。その結果イギリスの数学は遅滞し、ヨーロッパ大陸の後塵を拝したと後世の研究者は見ている。●

Column

世界遺産を「カテナリー曲線」で設計する

1666年、ロンドン大火によって有名なセントポール大聖堂が焼け落ちた。それまで何度も消失・再建をくり返してきた当時の大聖堂はすでに老朽化していた。そこでふたたび再建案が持ち上がり、数学者・建築家のクリストファー・レンが設計を任された。彼は設計をはじめからやり直すことにし、高名な物理学者ロバート・フックの手も借りることにした。フックがこのとき目をつけたのが**カテナリー曲線（懸垂曲線）**であった。

カテナリー曲線とは**鎖やひもの端を両手でもったときに垂れ下がってできる曲線**。カテナリーは鎖を意味する。放物線に似ているが、これにもっとも近い形の**放物線と比べると中心部がよりゆるやか**に見える（**右図**）。

オランダのホイヘンスはこの曲線は独自の形だと見抜いた。そこでフックはセントポール大聖堂の設計を前にこう考えた――**「カテナリー曲線は自身の重力と横方向の張力（引張り力）によって生まれる**曲線。ならばこの曲線を**逆さまにすれば自重をよく支えられるはず**だ」

⬆17世紀に初代が建造された錦帯橋。

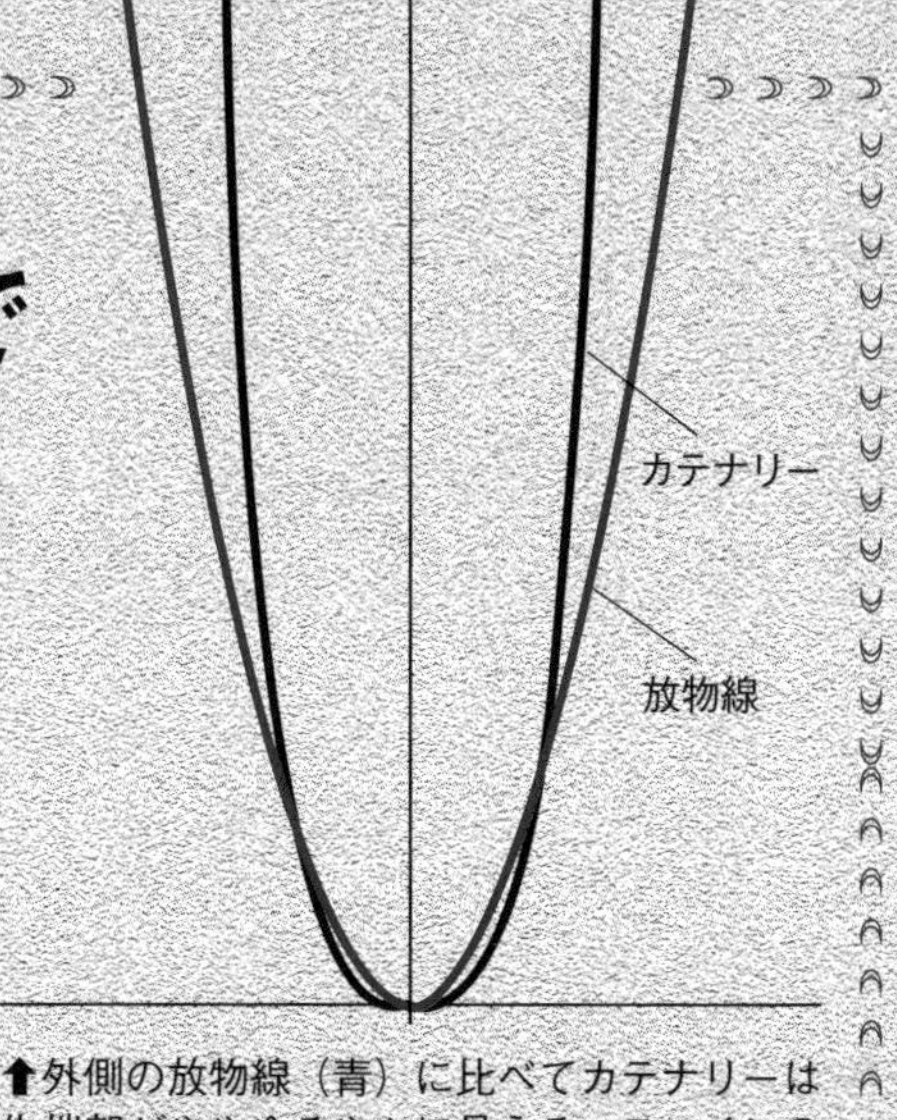

⬆外側の放物線（青）に比べてカテナリーは先端部がややゆるやかに見える。スペインのサグラダ・ファミリアのアーチもこの形。

そこでレンは大聖堂のドームをカテナリー曲線で設計した。フックはカテナリー形のアーチは誰も試したことのない画期的手法と自画自賛したが、それは正しくない。この大聖堂の再建が始まるより早い1674年に建設された山口県岩国の錦帯橋がすでにカテナリー曲線（ないし擬似カテナリー曲線）を利用していたのだ。

カテナリー曲線は**重力と張力が釣り合ってできる曲線**であり、曲線上の1点に作用する力は、横方向の張力と縦方向の重力（曲線の底部までの鎖の重さ）の合計に等しい。この曲線を天地逆さまにしてアーチ型にすると、今度は重量がアーチの部材を押しつぶすように作用する。このとき**曲線の各点にかかる力の方向はすべてが接線方向に、つまりアーチの部材を圧縮する**ようにはたらく。そのため重力が平均化され、安定した構造が生まれる。世界各地に見られる吊り橋やアーチ構造の石橋はしばしば、カテナリー曲線を用いて建造されている。

パート4

数学への近道

パート4
1

ベクトルとスカラー

ベクトルは侵掠すること火のごとく、スカラーは動かざること山のごとし

物理学は数学という土台の上に築かれている。その土台を支える2つの礎石、それがベクトルとスカラーだ。

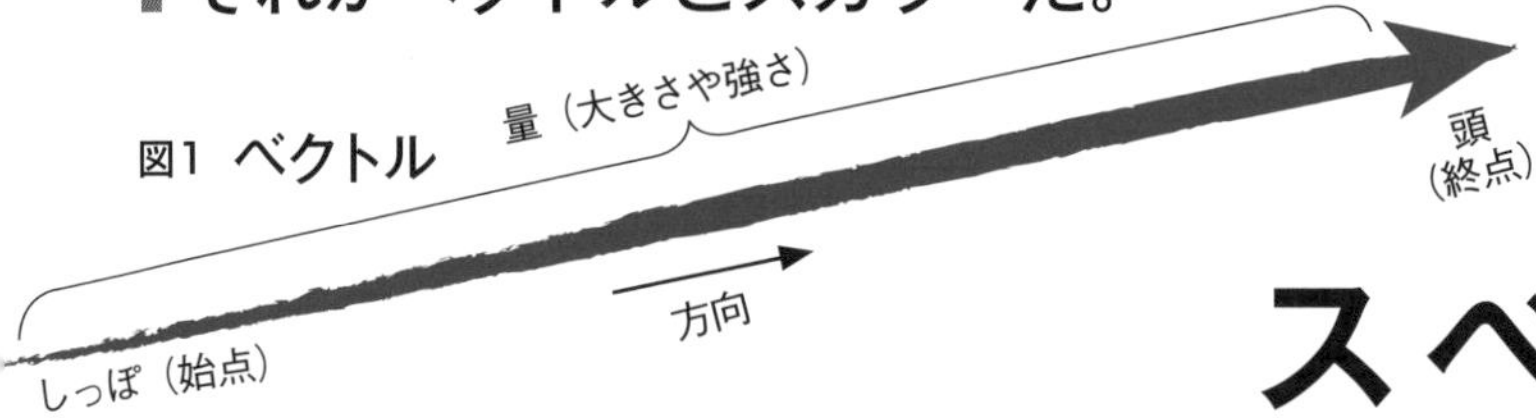

図1 ベクトル

量（大きさや強さ）
頭（終点）
方向
しっぽ（始点）

私のベクトルはどこを向いているか？

日常会話の中でときどき“ベクトル”という言葉を使う人がいる。その人＝Aさんは一介のサラリーマンだが、いったいどういう意味をもたせてベクトルと言っているのか？　彼の物言いはたとえばこうだ――「あの人の仕事のベクトルはうちの会社のベクトルからはずれているよね」。どうやら同僚の振る舞いを低評価しているらしい。この言葉の使い方は正しいのだろうか？

ベクトルという**ドイツ語由来の外来語は、数学や物理学の世界で使われている。**近年のＩＴ業界は英語由来のベクター（ベクタ）を使うが、ここでのトピックはもっぱら前者である。

数学や物理学で用いられる**ベクトルの本来の意味は、「方向をもった量」**である。これら2つの性質をもつ空間がすなわちベクトルだ。もし**量しかもたないなら、それはベクトルではなく“スカラー”**（後述）と呼ぶ。

ベクトルという概念が生み出された――“発明”された

——のは、**多次元にわたる複雑な問題を単純な1次元の問題の集合体として扱えるようにする**ためであった。

ベクトルの発明者はアメリカのウィラード・ギブスとイギリスのオリバー・ハービサイドという2人の数学者で、

図2　ベクトルとスカラーの例

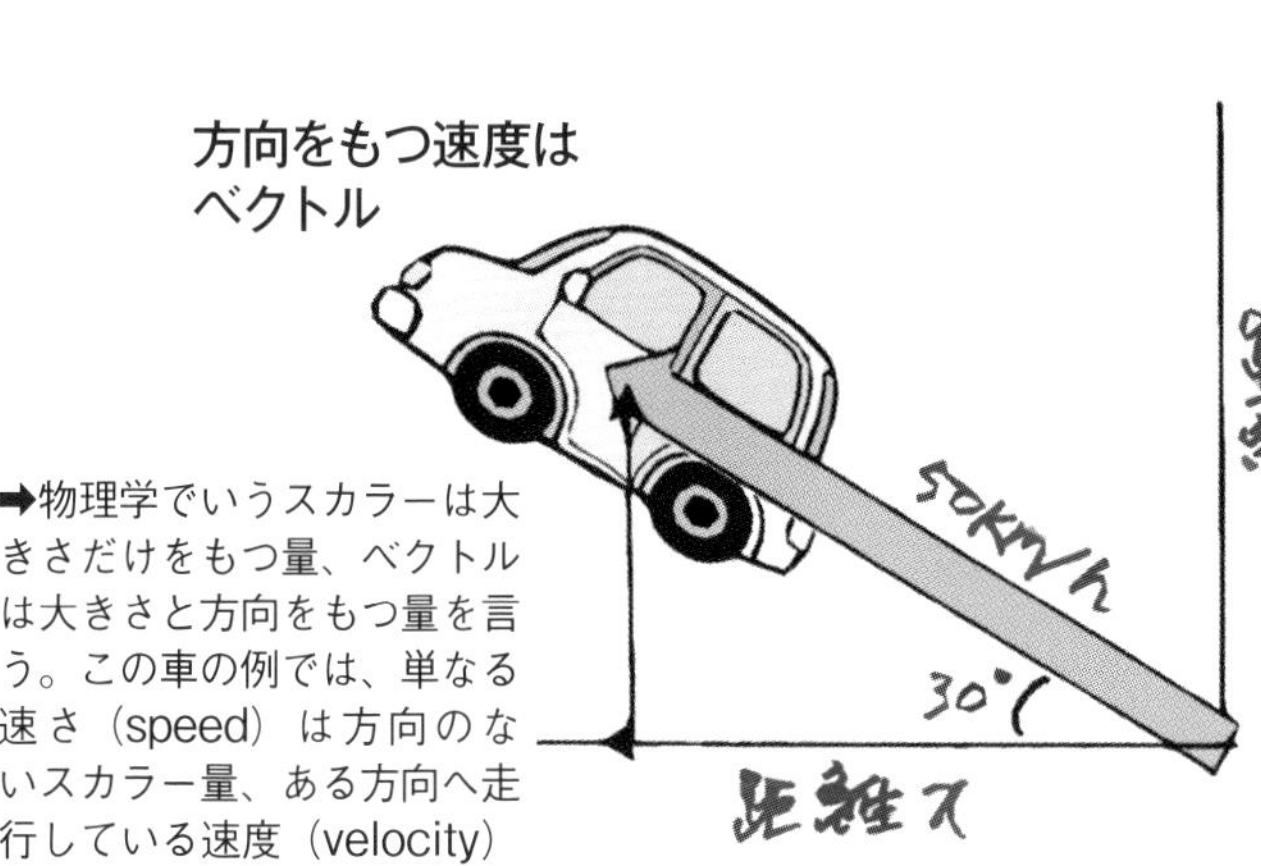

➡物理学でいうスカラーは大きさだけをもつ量、ベクトルは大きさと方向をもつ量を言う。この車の例では、単なる速さ（speed）は方向のないスカラー量、ある方向へ走行している速度（velocity）はベクトル量である。

19世紀末のことだ。以来ベクトルは、さまざまな科学分野で**〝力を記述する数学〟として欠かせない便利なツール**になった。そのため、中学校や高校の理科（物理）の授業では必然的にベクトルを学ぶことになる。

もっとも高校までに学ぶのはここで目を向けている基本的な考え方だけだ。ベクトルの薄暗い底なし沼に魅了され、どうしても沼の底をのぞきたい人は、まず理工系大学に進み、ベクトル×微分・積分＝**ベクトル解析という面倒な方角**におのれの足を向けることになる。

動くベクトル、静止するスカラー

あるとき読者が「昨日は自宅を出て10㎞も歩いたので疲れた」と言った。言葉から伺い知ることのできるのは10㎞歩いたという〝量〟だけだ。それだけ歩いてどこに行ったのかがわからない。北の友人の家か、南の隣り街か、東南の海岸か。その方角がわかったときにはじめて、彼の言説に人間の常識感覚で理解できる意味が生まれる。「10㎞も歩いた」だけでは言葉足らずのスカラー人間の物言いだ。

こう見ると、冒頭の事例——Aさんの同僚の仕事ぶりのベクトルが会社のベクトルから外れている——という表現は、比喩としては的外れではないことになる。「私はあなたとは生き方のベクトルが違うの」と言ってプロポーズを断ってもその意味は成立する。しかしどちらも嫌味な表現と受け取られかねないので、まともな日本語で話すほうが好感度は高そうである。

そこで、ベクトルの本来の意味、つまり物理学的な性質を数学で表すときの意味を一言で整理してみる。

物理学では、さまざまな〝量（＝大きさや強さ）〟を数学的に表現する。たとえば力、速度、加速度、仕事量などだ。これらはみな、「ベクトル（ベクトル量）」や「スカラー（スカラー量）」として扱われる。

ここで言う**スカラーはベクトルと対をなす概念**で、単純なる数である。つまり**スカラーは量だけで方向をもたない。たとえば質量、長さ、電荷、温度などはみな量としてのみ存在するスカラー量**だ。そのためただひとつの数字で（1次元の量として）表される。身近なものでは、誰でも使っているコンピューター用ハードディスクやUSBメモリーのような記憶媒体の32ギガバイトなどといった〝容量〟も、方向のない量なのでスカラー量である。

しかしこの世界のあらゆる物体や現象はたえずある方向に変化したり運動したりしているので、量だけでは表せない。この〝ある方向に向かって変化する量〟すなわちベクトル量を用いて物体の移動や運動量、速度や加速度などを扱うのがベクトルの出発点となる。

ベクトルは図に描くとわかりやすい。その図は、頭に矢印をつけた1本の線である（86ページ**図1**）。この線の長さはベクトルの量、つまり大きさや強さを示し、矢印の向きはベクトルの方向を示している。

読者がいま座っている部屋の温度が20度Cだとする。20度という温度には方向がないので、これはスカラー量だ。

図3 ⬆ベクトル（ベクター）を使った絵や文字（右上）はどこまで拡大しても鮮明のままだが、JPEGのようなピクセル（画素）を使って描いたコンピューター画像（ビットマップ画像。右下）は拡大するとぼけてしまう。図／Darth Stabro

他方、窓の外に見えるグラウンドでサッカー選手が相手ゴールに向かって時速15㎞で走っているとき、これは選手のベクトルを示している。選手に速さと方向があるからだ。

ちなみにベクトルという数学手法はいまでは、コンピューター処理を用いた映像技術（CG：コンピューターグラフィックス）でも主要な役割を果たしている。CGは、直線や円などの**幾何学的な図形を「ベクター形式（ベクトル・グラフィックス。図3）」を用いて表現するテクニックで、どんな画像も鮮明度を落とさずに自在に拡大表現できる。**JPEGなどのコンピューター写真は一定の数の点で構成されているので拡大するとどんどんぼやけるが、ベクター形式にはそれがない。

ハリウッドのアクション映画やSF映画、いまではアニメや日常を描く映画でも、CGが文字どおり乱用されている。この手法がどれほどお手軽でコスト削減できても、映像作品の質やリアリティーとは無関係だ。人間がコンクリートの壁を通り抜けるのも、死人が生き返って超人になり、ついでに高層ビル街を飛んで地球の裏側で一休みするのも自由自在——CGはコンピューターがどうとでも安直につ

図4 ベクトルの足し算

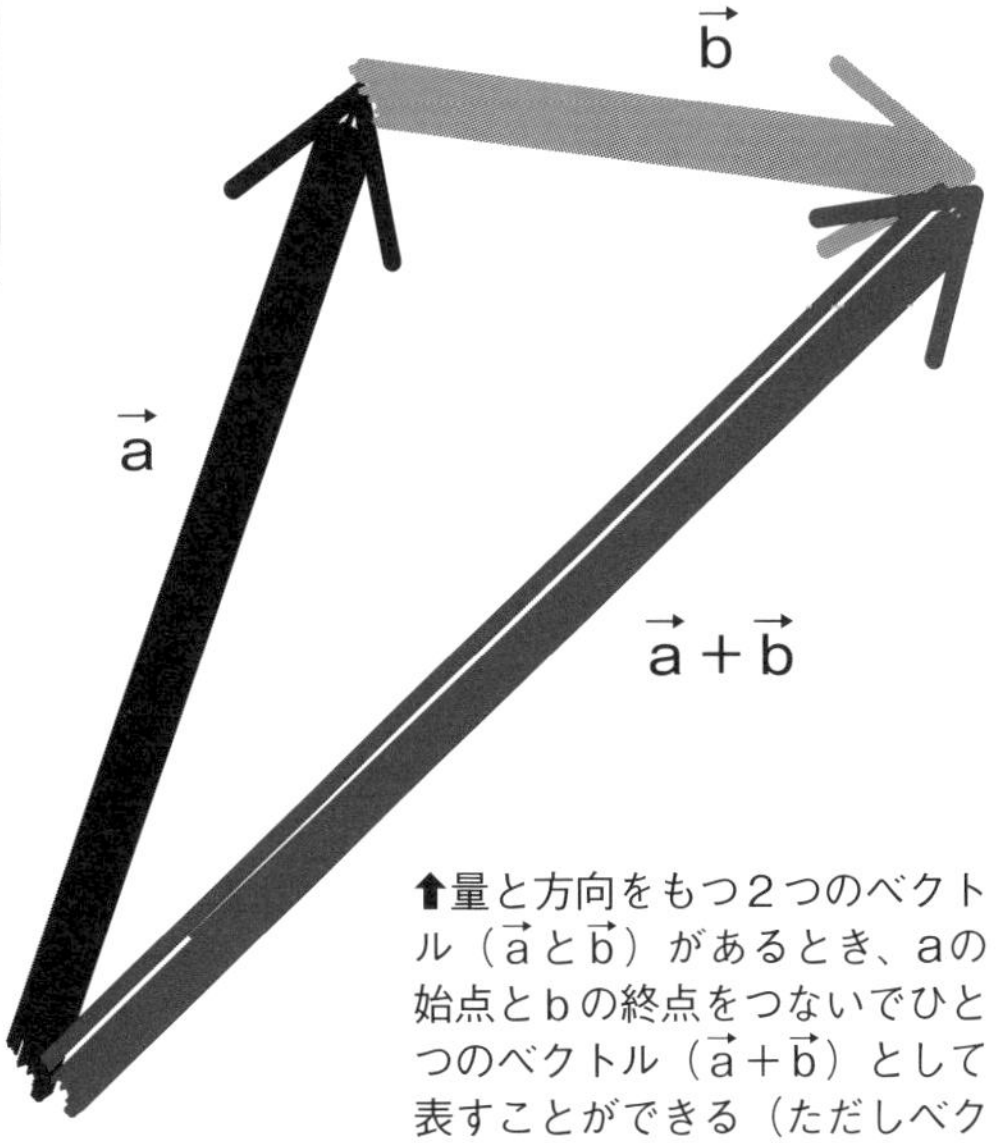

$\vec{b}$

$\vec{a}$

$\vec{a}+\vec{b}$

⬆量と方向をもつ2つのベクトル（$\vec{a}$と$\vec{b}$）があるとき、aの始点とbの終点をつないでひとつのベクトル（$\vec{a}+\vec{b}$）として表すことができる（ただしベクトル計算はふつうの代数の規則には従わない）。

図5 ベクトルの引き算

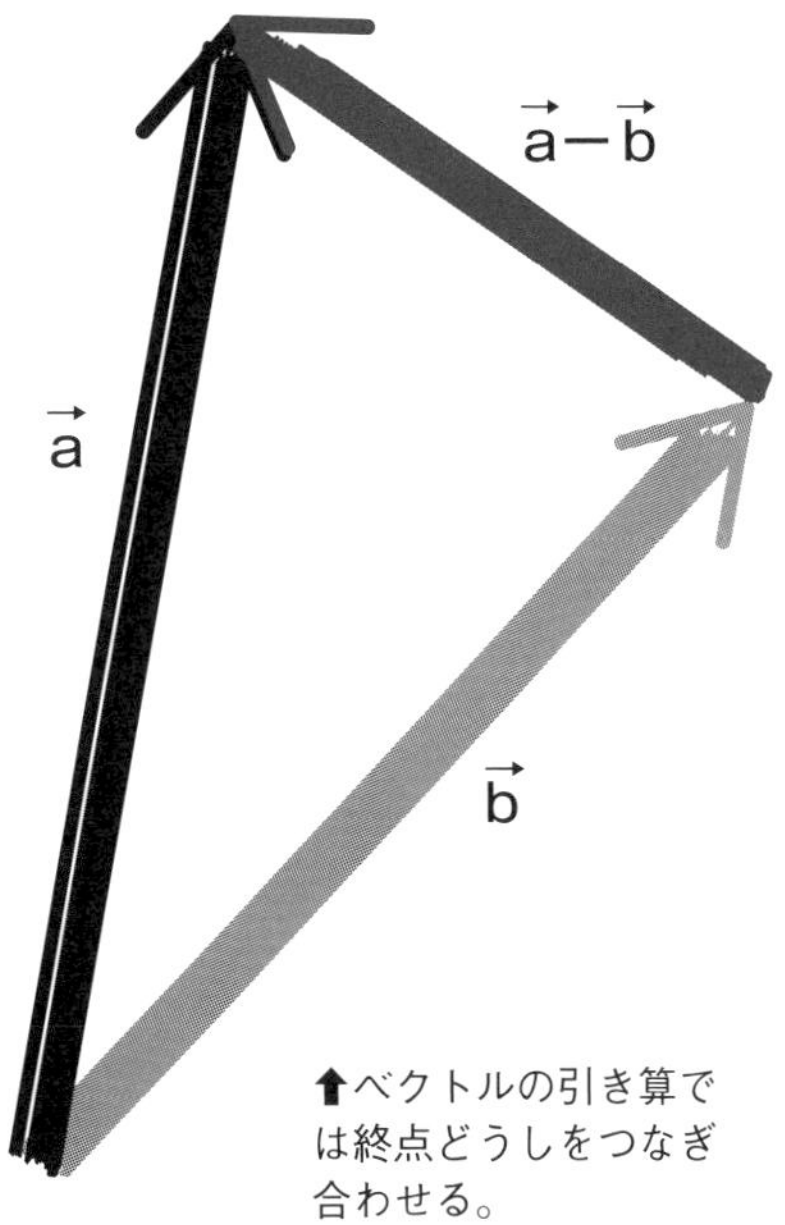

$\vec{a}-\vec{b}$

$\vec{a}$

$\vec{b}$

⬆ベクトルの引き算では終点どうしをつなぎ合わせる。

くり出せる**ニセモノ映像のツール**にもなっている。

ベクトルの足し算引き算でベクトル中毒

86ページ図1では矢印つきの線の長さはベクトルの量、矢印の向きは方向を示している。**線の始まりは「始点」、矢印は「終点」と呼ぶ。線の長さは「線分」**である。数式を使う場合、始点Aと終点Bの長さを示すには、ABと書いてその上に右向きの矢印を書く。**数式に→が書かれていたらベクトルのことだと思えばよい。**

ちなみに**ベクトル量は、他のスカラーやベクトルと足し算や引き算することもできる**（89ページ**図4、図5**）。紙上やコンピューター上でこれをやると非常に便利であり、何でも思いのままだと錯覚させる。数学者や物理学者、それにアニメーターやイラストレーターが〝ベクトル中毒〟へと突き進みやすいのもそのためと見られる。

まず第1のベクトル図をつくり、第2のベクトル図のしっぽを第1のベクトル図の頭につなぐ。すると2つのベクトルを合計した新しいベクトル（**合成ベクトル**）が生まれる。ベクトルの数は3つでも4つでも5つでもよい。こうすると、分割して描いた複数のベクトルがひとつのベクトルにまとまる。「**ヘッド-テイル法（頭としっぽをつなぐ法）**」と呼ばれる手法だ。

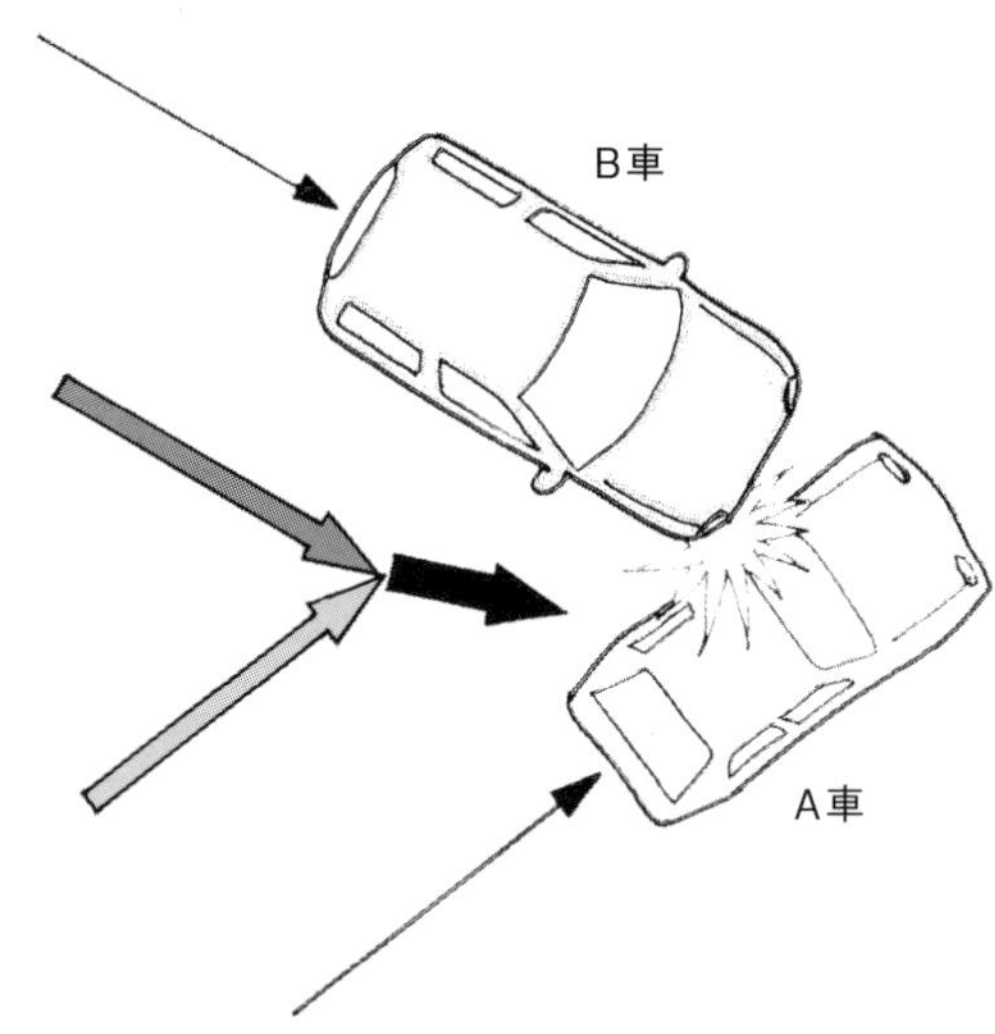

図6 ⬆直行する車Aに別の角度からきた車Bがぶつかったときの衝突運動量は、車Aと車Bのベクトルの合計として計算される。 図（左ページも）／十里木トラリ

斜め後ろから衝突された車をベクトルで見る

ベクトルの足し算引き算を、よくニュースなどで見る事例、たとえばAB2台の車の衝突という状況で考えてみる。

A車が走行中、左後ろから走ってきたB車に衝突されたとする（**図6**）。このときのAB2台の**衝突運動量（モーメンタム）**は、それぞれの車の重さ（質量）×速度を合計したものだ。しかしこれには衝突の角度（方向）が考慮されていない。正面衝突なら衝突運動量はAB両車の運動量の合計になる。しかし斜め方向から衝突した場合、運動量の一部はさまざまな別の形の運動量に変わってしまうため計算が困難になる。

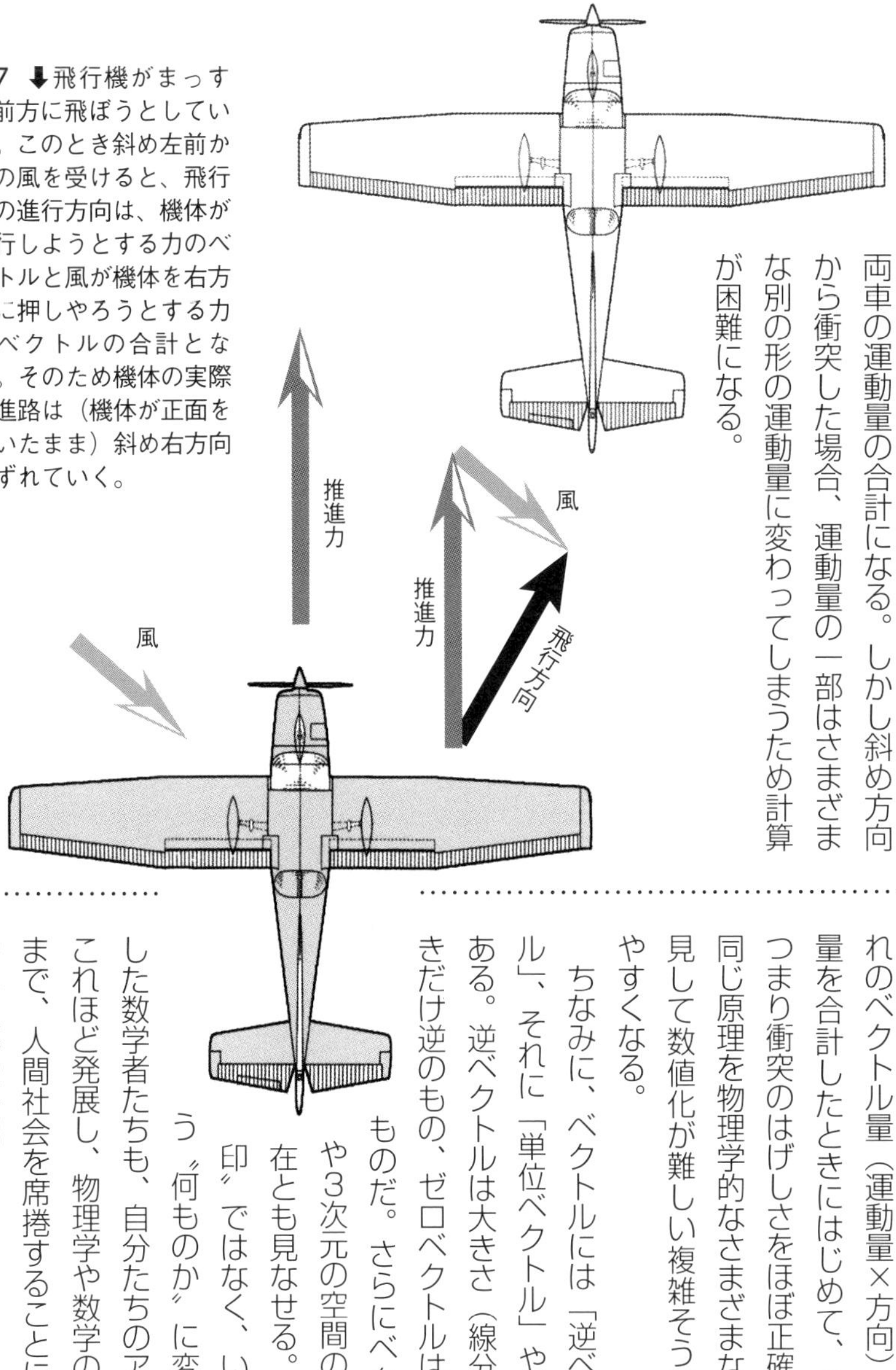

図7 ↓飛行機がまっすぐ前方に飛ぼうとしている。このとき斜め左前からの風を受けると、飛行機の進行方向は、機体が直行しようとする力のベクトルと風が機体を右方向に押しやろうとする力のベクトルの合計となる。そのため機体の実際の進路は（機体が正面を向いたまま）斜め右方向にずれていく。

そこに登場するのがベクトルである。AB2車のそれぞれのベクトル量（運動量×方向）を計算し、そのベクトル量を合計したときにはじめて、この衝突で生じる運動量、つまり衝突のはげしさをほぼ正確に計算することができる。同じ原理を物理学的なさまざまな現象にあてはめれば、一見して数値化が難しい複雑そうな問題がいっきに理解しやすくなる。

ちなみに、ベクトルには「逆ベクトル」や「ゼロベクトル」、それに「単位ベクトル」や「基本ベクトル」などもある。逆ベクトルは大きさ（線分の長さ）が同じで矢の向きだけ逆のもの、ゼロベクトルは始点と終点が同じ（0）ものだ。さらにベクトルは、2次元の平面や3次元の空間のみならず多次元空間の存在とも見なせる。すると、ベクトルは〝矢印〟ではなく、いくつかの数字を身にまとう〝何ものか〟に変貌する。ベクトルを発明した数学者たちも、自分たちのアイディアが100年後にこれほど発展し、物理学や数学の世界から大衆娯楽に至るまで、人間社会を席捲することになるとは予想だにしなかったに違いない。●

「円錐曲線」で宇宙旅行に出かける法

われわれの目につきにくいところで人間社会を支えるもの――それが円錐曲線である。この奇妙な曲線がなければ正確な地図は作れず、人類が宇宙に出かけることもできない。

三角帽子の標識は〝数学の宝庫〟

誰でも、駐車場や工事現場のそばを通りかかると地面に並ぶ〝赤い三角帽子〟を目にする。あれは道路の通行帯を規制して歩行者を安全に導くための仮の道路標識で、道路コーンとかカラーコーンなどと呼ばれている（工事関係者はよくパイロンとも呼ぶ）。

あのようなプラスチックやゴムでできた道路標識が世界中に普及しているのは、地面に置いたときに安定性が高いので強風でも倒れにくく、中空なのでいくつも重ねて運搬でき、材質がややわらかいので車にはねとばされても壊れず、さらに安価に大量生産できるというよいことずくめの理由からだ。だがここで問題にするのは材質ではなく、これらの物体が採用している「**円錐形**」という形である。

円錐形は数学的に見ると驚くべき性質をそなえている。**数学で基本をなす4つの曲線**を内在させているのだ。「**円**」と「**楕円**」、「**放物線**」、それに「**双曲線**」である。この**三角帽子はいわば〝数学の宝庫〟**である。

まずパイロンを真横（水平）にカットすると、切り口は円になる（**図1**）。やや斜めに切ると円を引き伸ばした楕円になる。パイロンの傾きと同じ方向に切ると、物体を投げ上げたときに物体が飛行する軌道、つまり放物線が現れる。そしてさらに急角度にカットすると、切り口は「く」の字の角を丸くしたような形の双曲線になる。

これらの円、楕円、放物線、双曲線という4つの曲線は、パイロンのような**「円錐」を切った断面**から生まれるので、そのまま**「円錐曲線」**と呼ばれる。円錐とは、**底面が円で横から見ると3角形の立体**である。**直角3角形を垂直に立ててくるりと1回転させてできる立体**と考えてもよい。

円錐曲線というと難しそうだが、これらの曲線はごく身近な存在でもある。たとえばスポットライトを真上から舞台の床に照らせば丸い円ができるが、少し離れたところから照らせば楕円が映る。舞台真上から舞台奥の壁を照らせば、壁に映る輪郭は双曲線となる。身近な懐中電灯を使っても同じように円錐の切り口を見ることができる。

人間の視界も前方に広がる円錐形なので、その境界はぼやけているが、おおむね円錐曲線をなしている。

円錐曲線は、いま見たように円や楕円や放物線を内包しているため、現実生活のさまざまな場面で利用されている。もっとも身近な事例は**世界地図の作成**である。われわれは日常何の疑問ももたずにこれらの地図を使っている。しかし、地球という球体の表面は正確な平面図として描くことができない。そこで地球の表面を平面に投影するが、このとき球面上の直線はどれも平面上では円錐曲線または直線になる。そこで、こうし

図1 円錐曲線

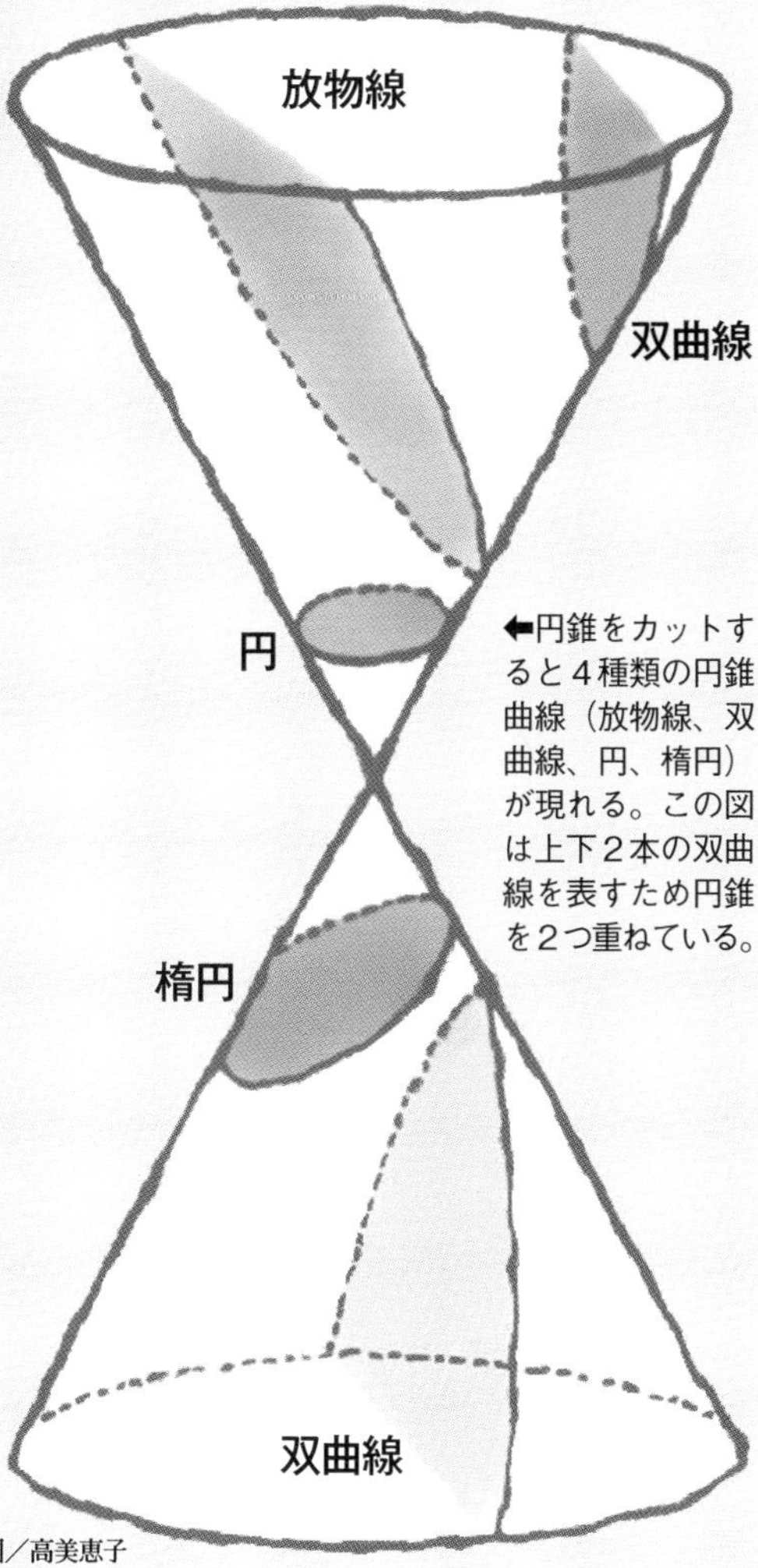

⬅円錐をカットすると４種類の円錐曲線（放物線、双曲線、円、楕円）が現れる。この図は上下２本の双曲線を表すため円錐を２つ重ねている。

図／高美恵子

図2 円錐図法

⬇➡18世紀にドイツのヨハン・ランベルトが考案した地図の図法のひとつ。球に円錐をかぶせ、表面を円錐に投影する。円錐を切り開けば平面としての世界地図が生まれる。この場合、緯度（緯線）は円弧（円錐曲線の一種）となる。

資料／下・Strebe、右・USGS/Mysid

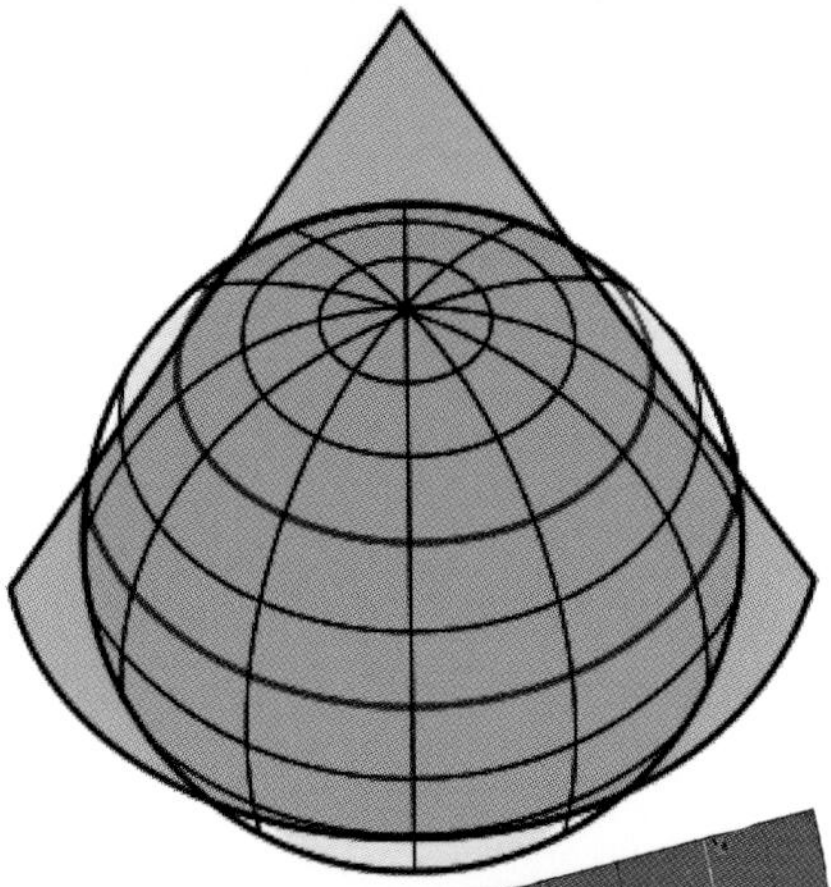

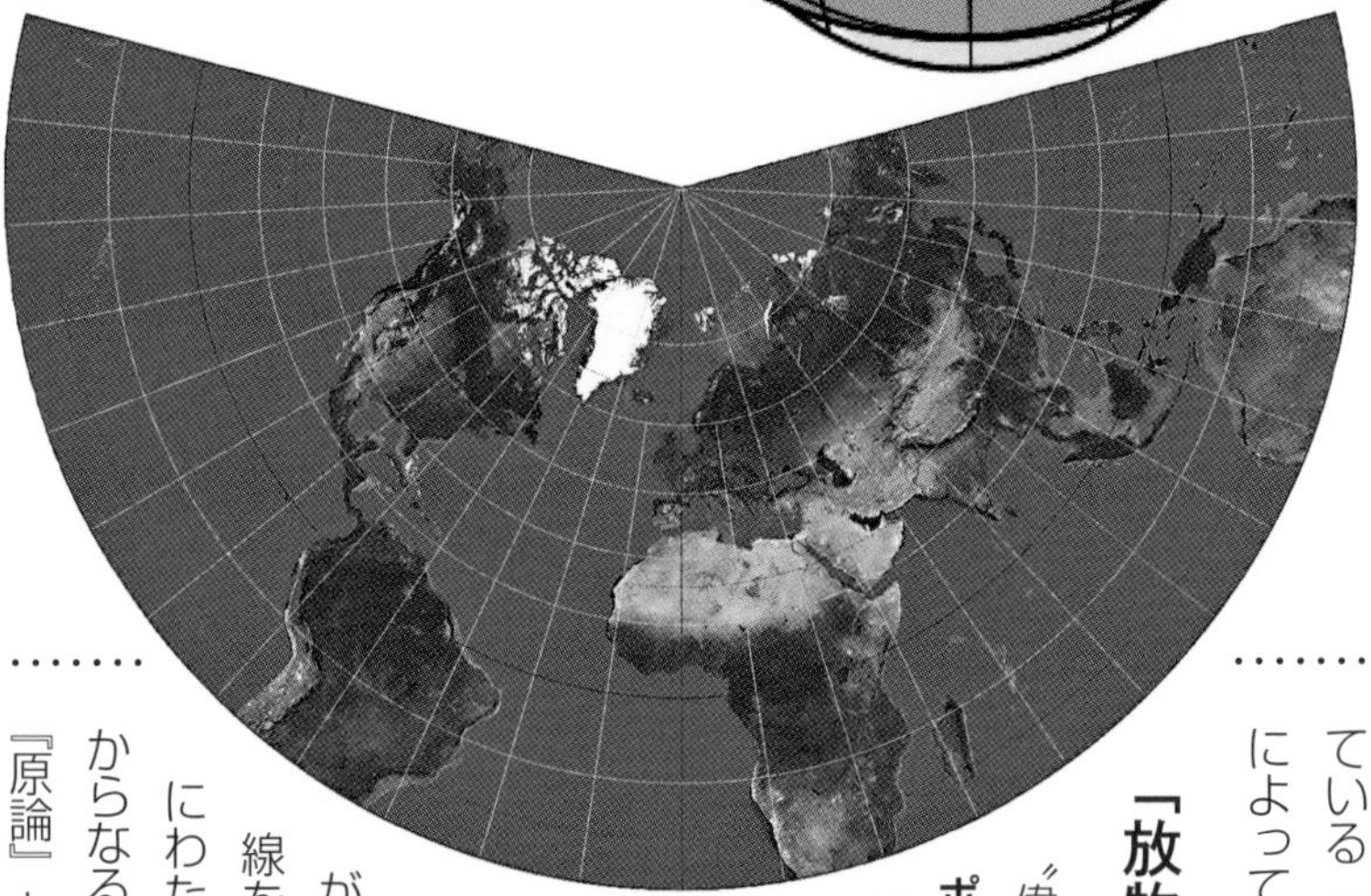

た曲線をさまざまに組み合わせて1枚の大きな地図にしている（**図2**）。地図は円錐曲線と投影技術の組み合わせによって作られているのだ（擬似的な平面図ではあるが）。

「放物線」の名付け親の男

〝偉大な幾何学者〟と呼ばれる男がいる。名前は**アポロニウス**。古代ギリシアの哲学者にも同名の男がいるので混同しやすいが、これは同時代の別人。哲学者のアポロニウスは肉食、飲酒、姦淫を断ち、裸足で乞食のように暮らしていたという伝説もある。他方、幾何学者のアポロニウスが現在に名を残しているのはその著作『**円錐曲線論**』のためだ。

アポロニウス以前にも円錐曲線は知られていたが、彼は円錐を切断したときに現れる4種類の曲線を平面図形としてとらえ、その特徴を微に入り細にわたって詳述した（93ページ図1）。ちなみに全8巻からなるこの大著は、ユークリッド（エウクレイデス）の『原論』と並んで西欧数学の古典となっている。

アポロニウスは円錐曲線の円以外の3つの名称、すなわ

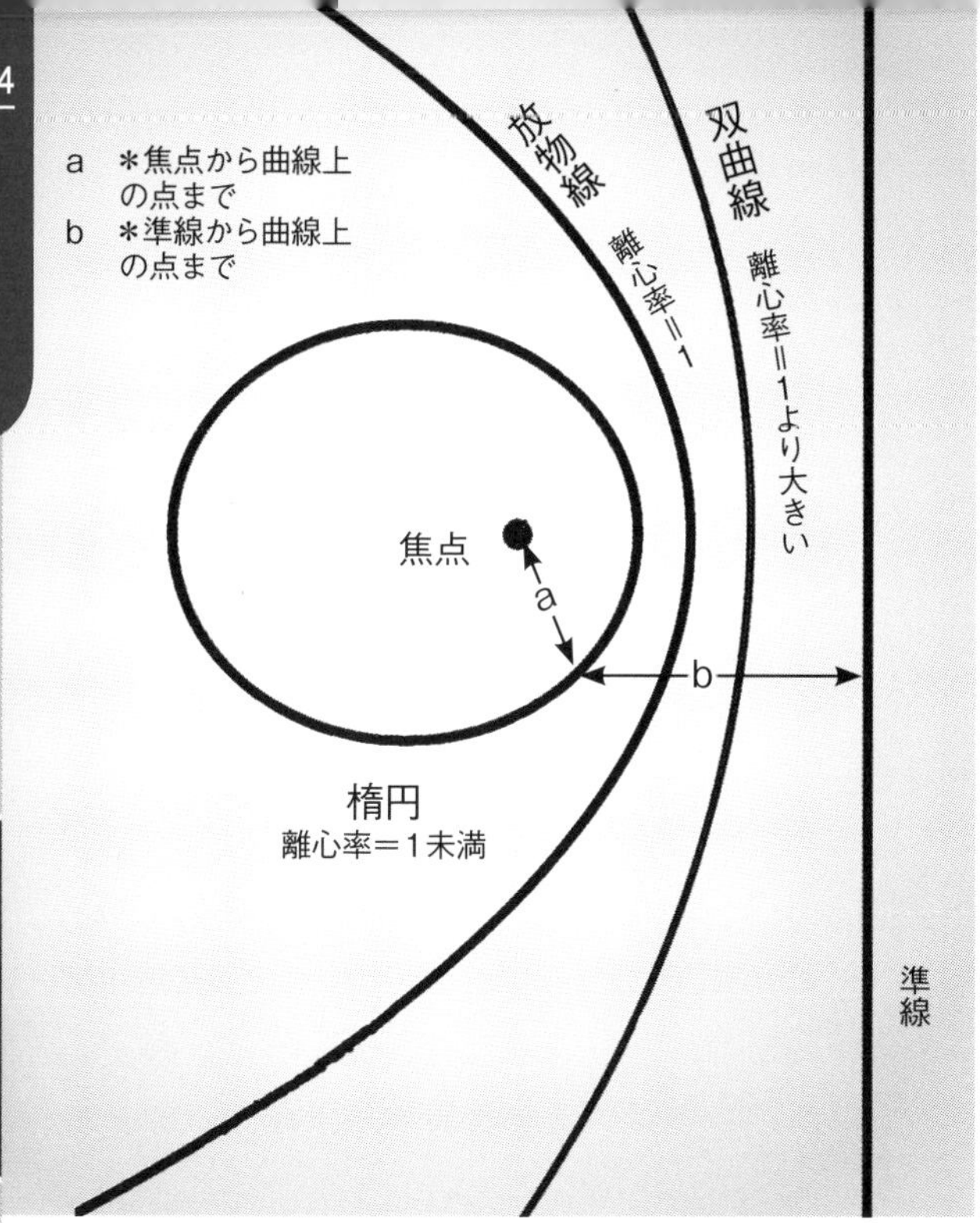

図3 円錐曲線の離心率

⬅円錐曲線の形は離心率（図のa÷b）によって決まる。

ち「放物線」「楕円」「双曲線」の名付け親でもある。これらは原語のギリシア語ではそれぞれ**〝パラボラ（＝当てはまる）〟〝エリプス（＝不足する）〟〝ハイパボラ（＝余る）〟**を意味する。これらの名称は、それぞれの曲線に関係する2つの図形（正方形と長方形★1）の大きさの比較からきている。

アポロニウスは、正方形と長方形の大きさがぴったり同じ（＝当てはまる）なら放物線、正方形が小さい（＝不足する）なら楕円、そして大きい（＝余る）なら双曲線とした（現在の定義はもう少し単純で、「**離心率**」が1より小さければ楕円、1なら放物線、1より大きければ双曲線である。**図3**）。

日本の探査機「はやぶさ」の円錐曲線

日本の**小惑星探査機「はやぶさ2号」**は2014年12月、種子島宇宙センターから打ち上げられた。高度約900kmに達するとはやぶさはHⅡ-Aロケットから切り離され、秒速11・4km（＝時速約4万km）で宇宙へ向かった。この探査機は2019年末のいま地球から2億8000万km離れた小惑星リュウグウで調査を行った後、地球に向けて飛び立った。

はやぶさの飛行には円錐曲線が深く関わっている。この探査機が秒速11・4kmで宇宙に向かったのは**双曲線の飛行軌道**をとるためだったのだ。

宇宙探査機が宇宙空間に出るには、地球の重力（地球重力圏）から抜け出さなくてはならない。このときに必要な速度に達しないと、探査機はロケットともども地球上に落下してしまう。これを避けるための最低速度は秒速7・9㎞で、これを「**第1宇宙速度**」という。

　だが探査機が宇宙空間へと抜け出しても、速度が不十分だとそのまま地球重力にとらわれ、**楕円軌道**を描きながら地球を周回して人工衛星になってしまう。人工衛星にならずに惑星間空間に向かうには秒速11・2㎞以上が必要である。この速度を「**第2宇宙速度**」、一般には「**脱出速度**」と呼ぶ（惑星はその質量によって重力が決まるので、脱出速度も惑星ごとに異なる）。

　もし探査機が**脱出速度と等しい速度で地球から飛び出せば、それは放物線を描いてそのままはるか遠方へと向かう。**他方、**脱出速度より速い物体は、双曲線を描きながら太陽系宇宙（惑星間空間）へと飛び出していく。**11・4㎞で地球重力圏を脱出したはやぶさは、双曲線を描いて惑星間空間に向かったのだ。

　このように、物体の速度が地球の脱出速度に足りないなら楕円軌道、等しければ放物線軌道、速度がこれを超えていれば双曲線軌道となる。これらの呼び方も、前記の放物線（パラボラ）、楕円（エリプス）、双曲線（ハイパボラ）に由来することがわかる。

　とはいえ、たとえ探査機が地球からは遠ざかっても、地球の33万倍もの質量をもつ太陽の重力を振り切ることは容易ではない。宇宙探査機や彗星のような天体が太陽の重力圏を抜け出て、双曲線軌道をとりながら太陽系の外（恒星間宇宙）へと向かうには、秒速16・7㎞以上が最低条件である。

　円錐曲線は別名「**2次曲線**」ともいわれる。というのも、あらゆる2次方程式★2（未知数xとyの2乗を含む方程式）は円錐曲線だからだ。一見して**複雑な2次方程式が、実際にはたった4種類の曲線に帰結する**（直線や答のない例は除く）。

　歴史上の名だたる数学者たち――ヨハネス・ケプラーやピエール・ド・フェルマー、アイザック・ニュートンなど――がいずれも円錐曲線の研究に没頭し、その成果は数学のさまざまな分野に波及した。微分や積分も円錐曲線の研究の中で生み出されたのだ。●

★1　これらの2つの図形の定義のしかたはやや複雑。①正方形：曲線の特定の点を頂点にもつ図形。②長方形：円錐のカット面に対して垂直な線を用いてつくる図形。

★2　**2次方程式**　xとyの2乗が現れる式。正確には $ax^2+by^2+cxy+dx+ey+f=0$（a～fは定数）で表される。

パート4 3

楕円

なぜすべての惑星が楕円軌道を選ぶのか？

自然界にも、巨視的宇宙や量子の世界にも、〃完全な円〃は存在しない。よく見るとすべては楕円かせいぜい歪んだ円だ。楕円こそが円の原点である。

ニュートンを全力で支えた〃彗星の男〃

科学の巨人**アイザック・ニュートン**（図1）は、自身が発見した「**万有引力の法則**」を長く秘匿していた。当時の科学者たちの嫉妬や激しい批判を恐れたためとも、地球についての一部の問題が解けていなかったためとも言われる。

万有引力の法則をはじめとするニュートンの力学理論は結局は世に出ることになるが、それはハレー彗星の発見者**エドモンド・ハレー**（図1）に負うところが大きい。

1684年、3人の科学者がコーヒー屋で彗星や惑星について話していた。前記のハレー、**ロバート・フック**（バネの法則や細胞研究で知られる科学者）、それにロンドン大火の後にこの都市の再建に力をつくした**クリストファー・レン**の3人だ。

彼らはみなこれらの**天体が太陽に引きつけられて運動している**ことに気づいていた。それによると、**太陽の引力は「距離の2乗に反比例**（＝**逆2乗**）**して小さくなる**」と思

図1 ↑ニュートン（上）と不倶戴天の敵フック（右）、そして両者の間をとりもったハレー。彼らは太陽の引力が惑星の軌道を決定することをそれぞれ独自に発見していた。
図／左・National Portrait Gallery、右・Rita Greer

われた。太陽からの距離が2倍になればそこにはたらく引力は1/4、距離が3倍になれば引力は1/9になるというのだ。いわゆる**「逆2乗の法則」**である。

だが、本当にその力は太陽のまわりを運動する天体に力を及ぼしているのかという疑問があった。それを証明するには、太陽の引力がはたらく天体の運動を数学的に示し、実際の天体観測データと比較しなくてはならない。

すでに彼らより前の17世紀にドイツの**ヨハネス・ケプラー**が、太陽をまわる**惑星の公転運動は「楕円軌道」**を描いていることを明らかにしていた。とすれば、さきほどの逆2乗の法則をもとに惑星がとる運動コースを求め、それが楕円と示さなくてはならない。

このときフックは、自分はその証明にすでに成功していると自慢げに語っていた。だがその後他の2人が何度催促しても、フックは証明の内容を見せなかった。

業を煮やしたハレーは、若くしてケンブリッジ大学の数学教授になっていたニュートンにこの問題を相談した。彼が「逆2乗の力で引きつけられている物体はどのように動くだろうか?」とたずねると、ニュートンは間髪を入れず「楕円だ」と答えた。ハレーが「なぜすぐにわかるのか?」と驚くと、ニュートンは「計算したことがある」と答え、その場で走り書きを始めたが、そのときは途中で計算を間違えた。だがその後まもなくハレーのもとに、万有引力と惑星運動の関係を示す見事な証明が送られてきた。そこでハレーはニュートンに、この問題をまとめて本にするよう勧めた。

こうして、「万有引力」や**「力学の3法則」**、さらには天体や地球上の物体、水の流れ、月による潮汐などさまざまな力学的運動を記述した**『プリンキピア』**が誕生することになった。

このときハレーは、自分の父親の不審死や経済的問題に忙殺されながらも、ニュートンの本の図版作成やこまごまとした編集作業をこなし、出版費用まで肩代わりした。さらに、「ニュートンは私の逆2乗の法則を盗んだ」というフックの猛抗議に対して2人を仲裁し、出版に及び腰だったニュートンをなだめて、ようやく出版にこぎつけたのだった。

ハレー彗星も楕円運動をしていた

物体が空間を運動するとき、その経路(軌道)は物体の速度や加速度によって決まる（95ページの宇宙速度を参照）。だがいったいどのようにして？　ニュートンは次のように説明する。

太陽は、遠くに離れていこうとする惑星などの天体を万有引力によってつなぎ止めようとしている。もし天体が太陽の万有引力によって引き寄せられる（＝太陽にむかって落下する）と、その落下速度は増していく。しかし、惑星は、慣性によりつねに運動方向（軌道の接線方向）に飛びだそうとしている。そこで**太陽への落下運動と軌道の接線方向への運動という2種類の運動の合成**によって、その天体は太陽を楕円軌道で公転し続ける――

ニュートンは、太陽からの万有引力を受ける天体が運動すると、その軌道はいずれも前記の逆2乗の法則によって「**円錐曲線**」（93ページ図1）になると考えていた。そしてその理由を縷々説明してみせた。

彼はこのときすでに人知れず微積分の方法（70および76ページ参照）も見いだしていたので、それを使って証明もできたはずだ。だがニュートンはなぜか、著書プリンキピアの中では幾何学を用いてこれを証明している。彼の秘密主義がそうさせたのかもしれない。

ニュートンは若い頃、3次元空間（立体）の中の円を平面上に投影すると、つまり**円の〝影〟を見ると、それは前述のような円錐曲線（楕円など）になる**ことに気づいており、この種の幾何学的手法はお手のものだった。

すべての惑星の公転軌道は楕円を描いている。それらの軌道は一見しただけではどれも円のように見えるが、それは円のつぶれ度合い（離心率：楕円の長径と短径の比）が小さいからだ。水星の軌道はなんとか楕円に見える。だが

図2 惑星軌道

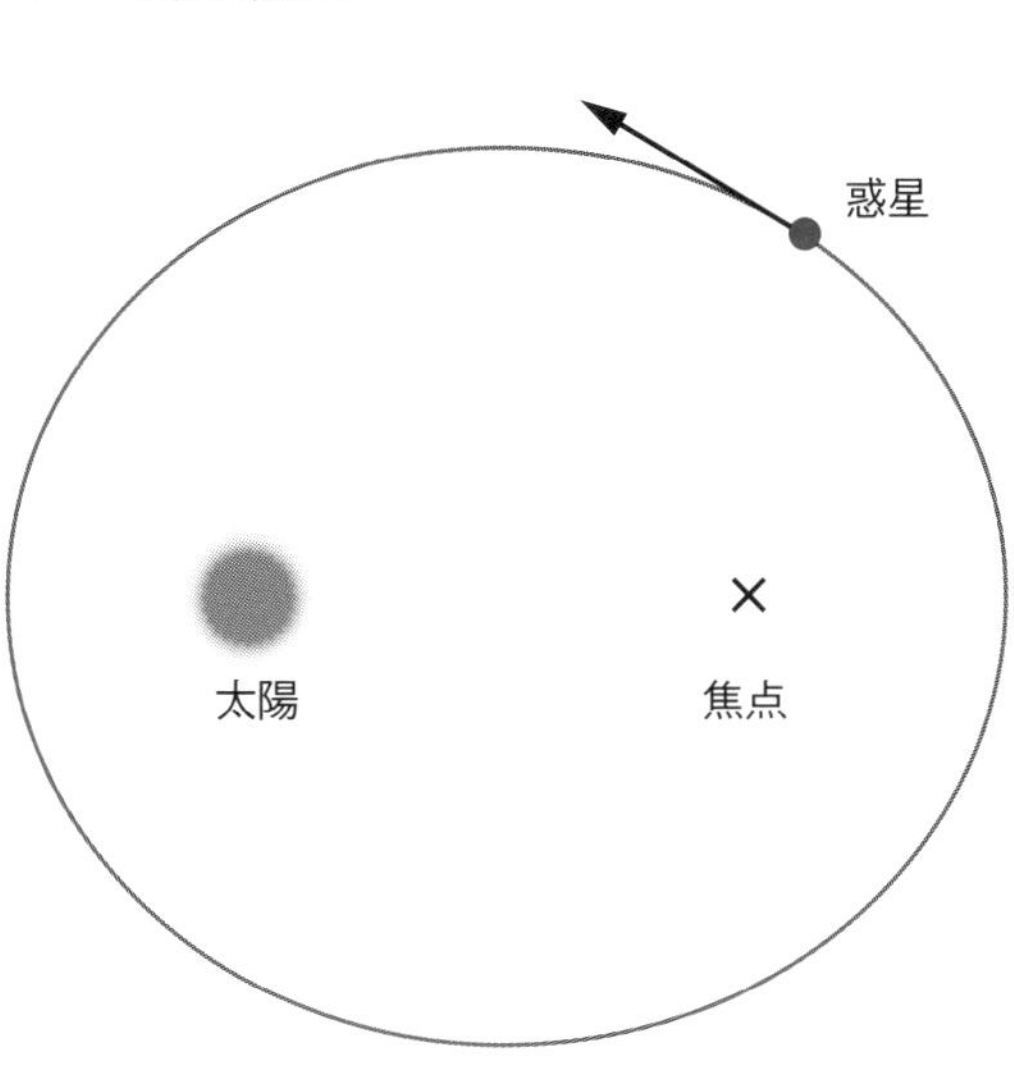

⬆地球を含めてすべての惑星は、太陽を焦点のひとつとする楕円上を周回している。

太陽系惑星の中でもっとも太陽に近い（平均5800万㎞）ため、地球から見ようとしても夕暮れと明け方の地平線近くにしか現れず、17世紀当時は軌道計算が困難だった。火星は水星よりも離心率が小さく（わずか0・09）、遠くから見ても楕円とはわからない。

彗星も、ハレー彗星のように細長い楕円上を公転するものもあれば、太陽にいちどだけ近づき、そのまま双曲線を描いてはるかかなたに消えていくものもある。

楕円形のビリヤード台の遊び方

1960年代、アメリカの高校生**アート・フリゴ・ジュニア**は変わった**ビリヤード**を思いついた。ふつうの長方形の台ではなく**楕円形の台**でプレーするのだ（**図3**）。このビリヤード台はいちど商品化されたが、あまり売れなかった。だが最近、このアイディアをもとに「ループ」というビリヤード台が登場した。一般向けの数学書を何冊も書いている科学ジャーナリスト、**アレックス・ベロス**が投資家の助けを得て作ったものだ。

この楕円形のビリヤード台には小さなポケットがひとつしかない。それも縁ではなく、台の中央から少しはずれたところにある。そしてポケットから少し離れたところに小さなドット（目印）が打ってある。競技者は黒白2個の突き玉と2個のカラーボールを使う。だがこの奇妙な台でどうやってプレイすればよいのか?

実はこの台ならではの必勝法がある。**競技者はボールがドットを通るように打つ**――それだけだ。とはいえ、ドットを通るように打つというのはそれほど簡単ではない。直接狙うボールを突くのではなく、必ず突き玉をキュー（突き棒）で突かなくてはならないからだ。突き玉はカラーボールを狙いやすい位置にあるとはかぎらず、その軌跡も複

図3 ⬆楕円形のビリヤード台（上）では、焦点を通過したボールは必ずポケットに入る。

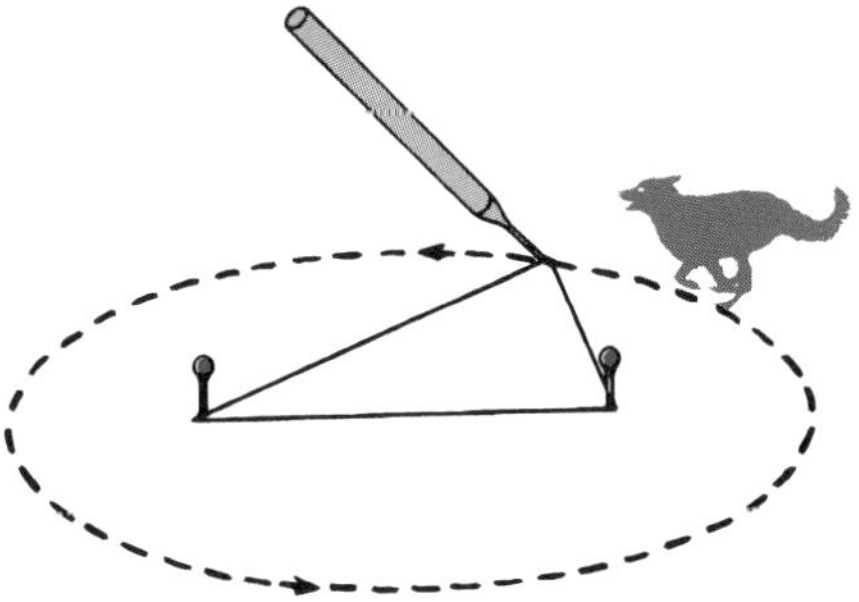

図4 楕円の描き方

⬇楕円上の点から２個の焦点までの距離を足すとつねに一定になる（この和は長径に等しい）。そこでひもの端を２個の焦点に止め、ひもを張って焦点のまわりをペンで１周すれば、楕円を描くことができる。　図／十里木トラリ

雑になることがある。

だがなぜこの台ではドットを狙うのか？　それはビリヤード台が楕円形だからだ。**台のポケットは楕円の焦点にあり、ドットはもうひとつの焦点に打たれている。**

物理学の法則から、ボールが壁に当たると、**当たった角度と同じ角度で跳ね返る。**正面に当たれば正面にボールは戻るが、斜め方向に当たれば逆方向に同じ角度で跳ね返る。物理学用語で言うなら、**「入射角」と「反射角」は同じ**だ。図3で、楕円上の任意の点に2つの焦点から直線を引く。すると、楕円（の接線）と2本の直線がなす2つの角度は等しくなる。楕円上のどの点でも同じである。

つまり焦点からボールを打てば楕円の縁にぶつかり、その入射角と等しい反射角（＝もうひとつの焦点の方角）に向かう。ということは、**ボールが焦点を通りさえすればポケットに入って勝てる**ことになる。

同じ原理で、焦点にランプを置いて縁を鏡張りにすれば、その光はもうひとつの焦点に集中する。

いとも簡単に楕円を描く法

円はコンパスで描く。コンパスがなければ画鋲か押しピンでひもの片方の端を止め、他方の端にペンを結びつけてぐるりと1周させれば円になる。

楕円の描き方も似ている。紙とひも、ペン、2個の画鋲を用意する。紙の中央付近に点を2つ、あまり離さずに打つ。これら2点の上にひもの端を画鋲でとめる。そしてペンでひもをぴんと張りながらぐるりと2点の外側を1周する。**これで楕円が現れる**（図4）。画鋲の位置が楕円の焦点になるからだ。座標の発明者ルネ・デカルトもこの楕円の書き方を著書で紹介している。

これでわかるのは、「楕円上の点から2つの焦点までの距離の和はつねに一定」ということだ。興味がある読者は、ここから三平方の定理を使って楕円の公式を求めることができる。●

パート4
4

放物線

巨大ブラックホールを発見した「放物線」

ナチスV2ロケットの放物線軌道

放物線は、人類の歴史を延々と貫く特異な曲線である。互いに交わることもなかったあらゆる時代、洋の東西を問わず人々は放物線を追い求め続けた——いったい何のことか?

放物線とは、弓矢や大砲の砲弾が**空中を飛翔するときに描く軌道**のことだ。人間の集団どうしはたえず、この飛翔軌道という曲線を利用して戦争を戦ってきた。

有史以前の人類でさえ放物

空中に投げられた石も、射られた矢も、発射された大砲の弾丸も、必ずある法則に従わねばならない。ただひとつの共通の放物線を描いて飛行し、地上に落下するという法則にである。

図1 ⬆アメリカの民間宇宙企業スペースX社のロケット「ファルコン9」。搭載していた衛星を切り離すと、ロケット本体は放物線を描いて落下した。
写真／Official SpaceX Photos

線と無縁ではなかった。彼らが獲物を仕留めようとするときには必ず、自分の投げた石や槍が描く放物線をイメージしながら狩猟を行った。そうでなくては石も槍も獲物にあたらない。

第二次世界大戦のヨーロッパ戦線では、ナチスドイツは**史上初の弾道ミサイル「V2」**でロンドンを何百回も攻撃し、ロンドン市民を恐怖に陥れた（**図2**）。

V2は現在の弾道ミサイル同様、液体燃料を燃焼させて噴出し、それが生み出す推進力によって上方へと飛び立つ。途中で進路を変えながら成層圏を突き抜けるとロケットは燃焼を停止し、あとは猛スピードで落下して地上に弾頭（重量1トン）ごと衝突し、爆発を引き起こす。このときのV2の軌道も（ほぼ）放物線である。

戦後V2ロケットから発展したはるかに強力な大陸間弾道ミサイル（ICBM）なども、放物線を描いて目標に到達する原理は共通である（近年では自ら軌道を修正しながら落下するミサイルも出現している。**図3**）。

こうした弾道ミサイルの設計者は、発射時の速度（初速）と打ち上げ角度（射出角）をもとに放物線を描き出し、到達高度や飛行距離、最終速度を求めた（図3。実際にはミサイルの形状、爆弾と燃料の重さ、空気抵抗や気象条件、ときには地球の自転運動なども問題になる）。

正しい放物線はひとつしかない

弾道ミサイルの軌道図などを見ると、放物線にもいろいろあるように思える。なだらかなものや頂上がとがったもの、中間のものなどだ。だがこれは錯覚である。じつは、放物線はただひとつしかない。一見さまざまに違っているようでも、**すべての放物線はまったく同じ形**をしている。数学用語で言う「**相似（相似形）**」である。

なだらかに見える放物線は曲線の頂点部分を拡大したものであり、**とがって見える放物線は曲線全体を眺めている**にすぎない。これは座標を使ってちょっと計算するとわかる（下記参照）。

放物線が1種類しかない理由は、前項の**円錐の断面**で考えるとわかりやすい（93ページ円錐曲線の図参照）。トンガリ帽子のような円錐を真横に切断すると切り口は完全な円となる。この場合、円錐のどこを切っても現れる切り口は円である。直径が違うだけだ。円が現れる切り方はただひとつ、底面と平行に切断したときである。**放物線もまた、円錐の斜めの線（母線）と平行に切ったときにしか現れない**。円錐を切って放物線が現れる角度は円と同様、ひとつだけなのだ。

これに対し、楕円をつくるのは簡単だ。切り口が底面にかからなければ、どんな角度で円錐を切りとっても楕円になる。急

“正しい放物線”はただひとつ

もっとも単純な放物線の式は $y=x^2$ と書く。これに対して放物線の一般的な式は $y=ax^2+bx+c$ だ。これらは、xの２乗がいちばん大きい代数なので**２次関数**と呼ぶ。２つの方程式の見かけはまったく違うが、じつは同じ形のものを表している。どういうことか？

２つ目の式はもっと単純に $y=ax'^2+c'$ と書き直せる。このうち x' はx座標を b' だけ左右にずらしたもの、またaは**図を拡大または縮小する**ことを、そして c' は**曲線の座標を上下にずらす**ことを示す。つまり２つ目の方程式は、座標をずらしたり図を拡大・縮小することで最初の方程式と同じものになる。これは、どんな放物線も大きさは違えども形は同じ――いいかえると**放物線はひとつしか存在しない**と宣言しているのである。

★1　相対性理論
アルベルト・アインシュタインが提出した時空（時間と空間）の理論で、光の速度が一定という基本原理にもとづく。1905年に観測者の速度によって時空が伸び縮みするという「特殊相対性理論」、1915年に重力を質量による時空のひずみととらえた「一般相対性理論」を発表。

図3 弾道ミサイルの放物線軌道

⬇弾道ミサイルは大気圏の内外を放物線を描いて目標まで飛行する。放物線の形は基本的に発射角と上昇速度によって決まる（途中で軌道を修正できる弾道ミサイルもある）。

作図／十里木トラリ

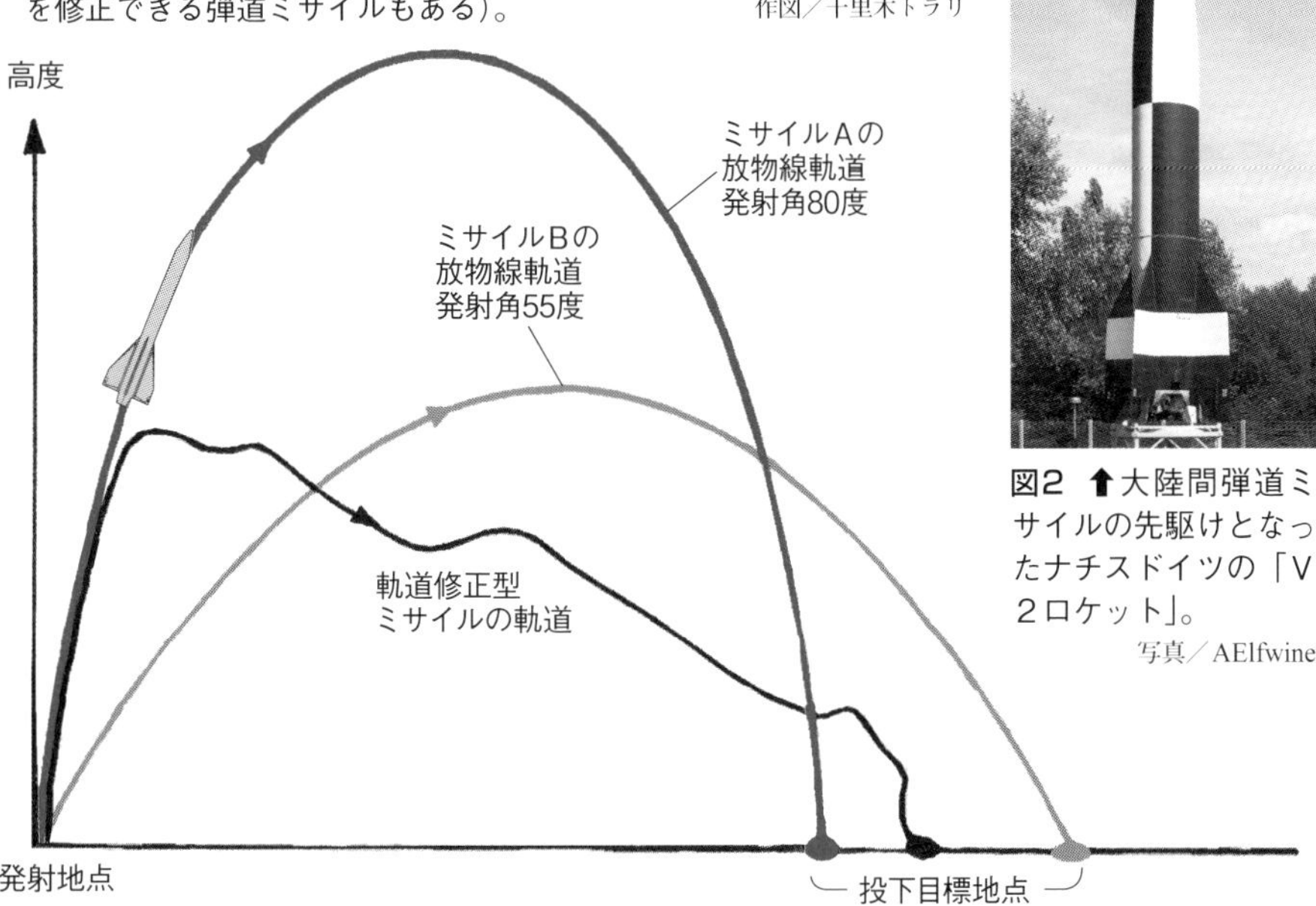

図2 ⬆大陸間弾道ミサイルの先駆けとなったナチスドイツの「V2ロケット」。

写真／AElfwine

角度に切りとれば細長い楕円となり、水平に近い角度で切りとれば円に近い楕円になる。

ちなみに、**放物線は「2次関数」**と呼ばれる式（右ページ**コラム**参照）で表される。この式の形を見たら、それはすべて放物線を示していると思えばよい。

宇宙を観測する無数の放物線

「**ブラックホール**をはじめて撮影！」——2019年4月、世界の耳目を集めるニュースが世界中をかけめぐった。

ブラックホールとは、**アインシュタインの相対性理論**★1がその存在を予言していた天体である。**莫大な量の物質（質量）**が宇宙のどこかに集中すると、それは**自らの重力によって際限なく収縮**し、その周囲の時空（時間と空間）が大きくひずむ。これがある限界を超えると、そこに入る物質も光も2度と外に出ることはできなくなる。「**重力崩壊**」によってブラックホール、すなわち暗黒の穴が出現したのである。

ブラックホールからは光も出られないのだから、外部から見ても何も見えないはずである。見えなければ望遠鏡で観測することもできず、それが存在するかしないかもわからない。実際これまで、ブラックホールが直接観測されたことはいちどもなく、したがってアインシュタインの予言の真実性も確認できなかった。

では、このような奇怪な天体をどうすれば観測したり撮影したりできるのか?

じつは、がっかりさせるようだが、今回撮影されたという映像はブラックホールそのものではない。ブラックホールの周囲のゆがんだ時空によって曲げられた光をとらえたのだ。ブラックホールの周囲には膨大なガス物質が集まって超高温となり、さまざまな波長の光（電磁波）を放出している。これらの電磁波の一部はブラックホールに吸収されるが、一部はこの天体のまわりのひずんだ時空によって大きく方向を変える。電波望遠鏡はそのうち地球の方角に向きを変えた光だけを観測する。つまり電波望遠鏡は〝**ブラックホール周辺の時空の異変**〟を状況証拠としてとらえただけということになる。

そのため、映像の中心に写っている黒い影は、予想される実際のブラックホールの大きさ（「**事象の地平**」と呼ばれる）より2・5倍ほど大きい。ともあれこのあたりがブラックホールに近づける理論的限界と見られる。こうしてブラックホールによって曲げられた電磁波は宇宙を5500万年も旅し、最後には電波となって地球にも達した。この電波を地球上のいくつものアンテナがとらえたのだ。これらのアンテナの表面はいずれも、ここで問題にしている**放物線を1回転させてできる巨大な皿のような形**（図5）をしている。宇宙からやってきた電波はこの皿に反射して1点に集められ、コンピューター処理されて映像をつくりだす。

放物線は英語では〝**パラボラ**〟という。そこでこれらの望遠鏡（電波望遠鏡）は「**パラボラアンテナ**」とか「ディシュアンテナ（皿型アンテナ）」とか呼ばれる。

宇宙観測用の巨大な電波望遠鏡にかぎらず、放物線を1回転させた形のパラボラはわれわれの身近に少なくない。家屋の屋根にとりつけられている衛星放送受信アンテナ、太陽光を集めてそのエネルギーを利用する調理器なども放物線の利用例である。

電波や光を集めるためにパラボラ（放物線）を使うのは、放物線には「**焦点**」があるからだ。パラボラアンテナに**真正面から届く光は、アンテナのどこに当たっても反射して中央のある一点に向かう**。ここが焦点である（図4）。パ

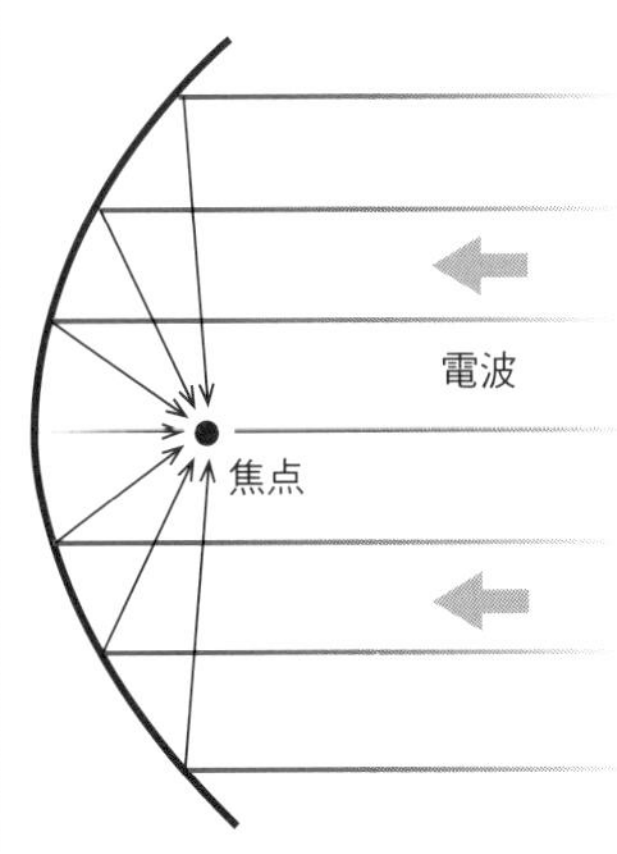

図4 ⬆パラボラアンテナは、電波を表面で反射して焦点に集中させる。

図5 ⬅太陽系を探索する探査機からの電波を受信するパラボラアンテナ。写真／NASA

ラボラアンテナをよく見ると中央部の空中に小さな装置がある。これは電波の受信機で、弱い電波でもここに集中するため感度よく受信できる。

しかも、平行線を描くように届いた電波はすべて**〝同時に〟焦点に届く**。太陽光の調理器も光を焦点に集中させてエネルギー密度を上げ、強いエネルギー（高温）で肉や野菜を調理する。

逆にパラボラの焦点から光を放出する機器もある。焦点から放出された光や熱はパラボラのさまざまな場所にぶつ

図6 折り紙でつくる放物線

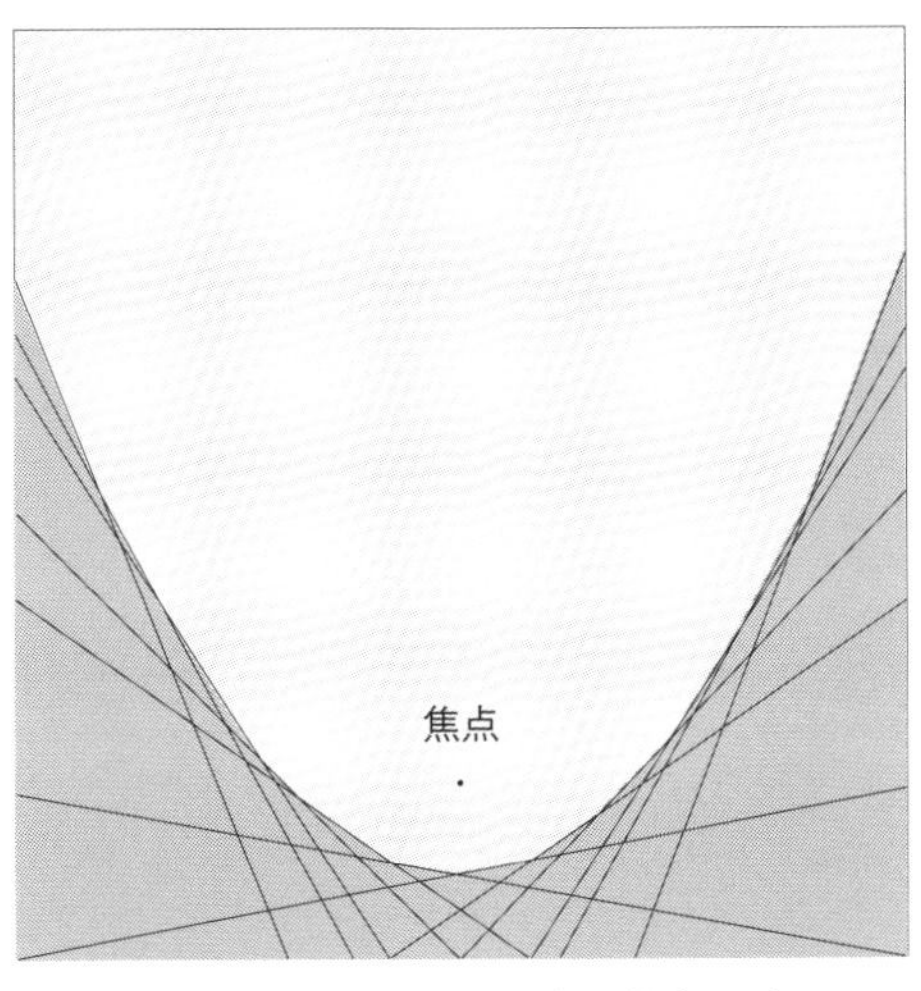

⬆折り紙を用意し、下辺の１点が焦点と重なるように折る。これを何度もくり返すと、放物線がしだいに浮かび上がる。

かって方向を曲げられ、**パラボラから平行な幅広い光として外に放出される。**この性質は、家庭の照明器具や懐中電灯、カメラのストロボの反射板などに使われている。

折り紙で放物線を描く方法

古代ギリシアには幾何学に精通した人々がいた。彼らはコンパスと目盛りのない定規を使ってありとあらゆる図形を描き出そうとしていた。だが、簡単そうなのになぜか描けないものがあった。そのひとつが**角の3等分**である。実際これは後に、コンパスと目盛りのない定規では決して正確に描けないことが証明されている。

だが、その〝不可能問題〟を可能にする簡単な手法がある——日本人にはおなじみの**折り紙**だ。正方形の紙を何度か折るだけで、（数値的な厳密さには欠けるが）90度までならどんな角度でも3等分できる。

放物線もまた折り紙で折ることができる（107ページ**図6**）。折り紙にひとつ点をうつ。場所は紙の左右中央の下寄りで、点が下すぎないほうが折りやすい。あとは簡単だ。折り紙の下辺を持ち上げ、さきほどの点めがけて端から順に折っていく。すると何本もの線から放物線が浮かび上がる。

見た目にきれいに放物線をつくりたければ、あらかじめ下辺に均等に10~20個ほど点を打っておく。これらの点を最初の点に合わせるように折っていくと、見事な放物線が出現する。この手法はそのまま、ギリシアの数学者**アポロニウスが発見した〝放物線の定義〟**のひとつになっている（**上コラム**参照）。●

アポロニウスの放物線

折り紙で折った放物線をよく見ると、興味深いことがわかる。放物線の一点から焦点までの直線（ℓ）と、下辺までの直線（ℓ'）の長さが等しいのだ（下図）。これは古代ギリシア時代のアポロニウスが見いだした放物線の定義でもある。

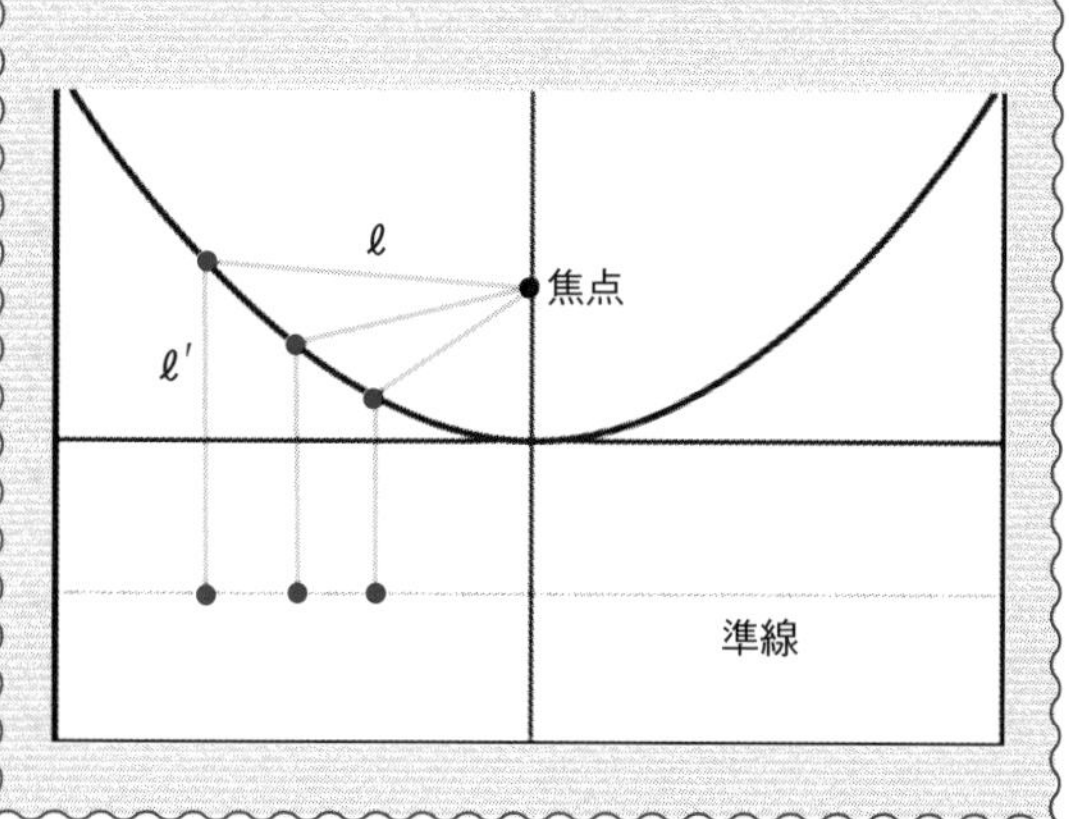

パート5

「確率と統計」があなたをだます

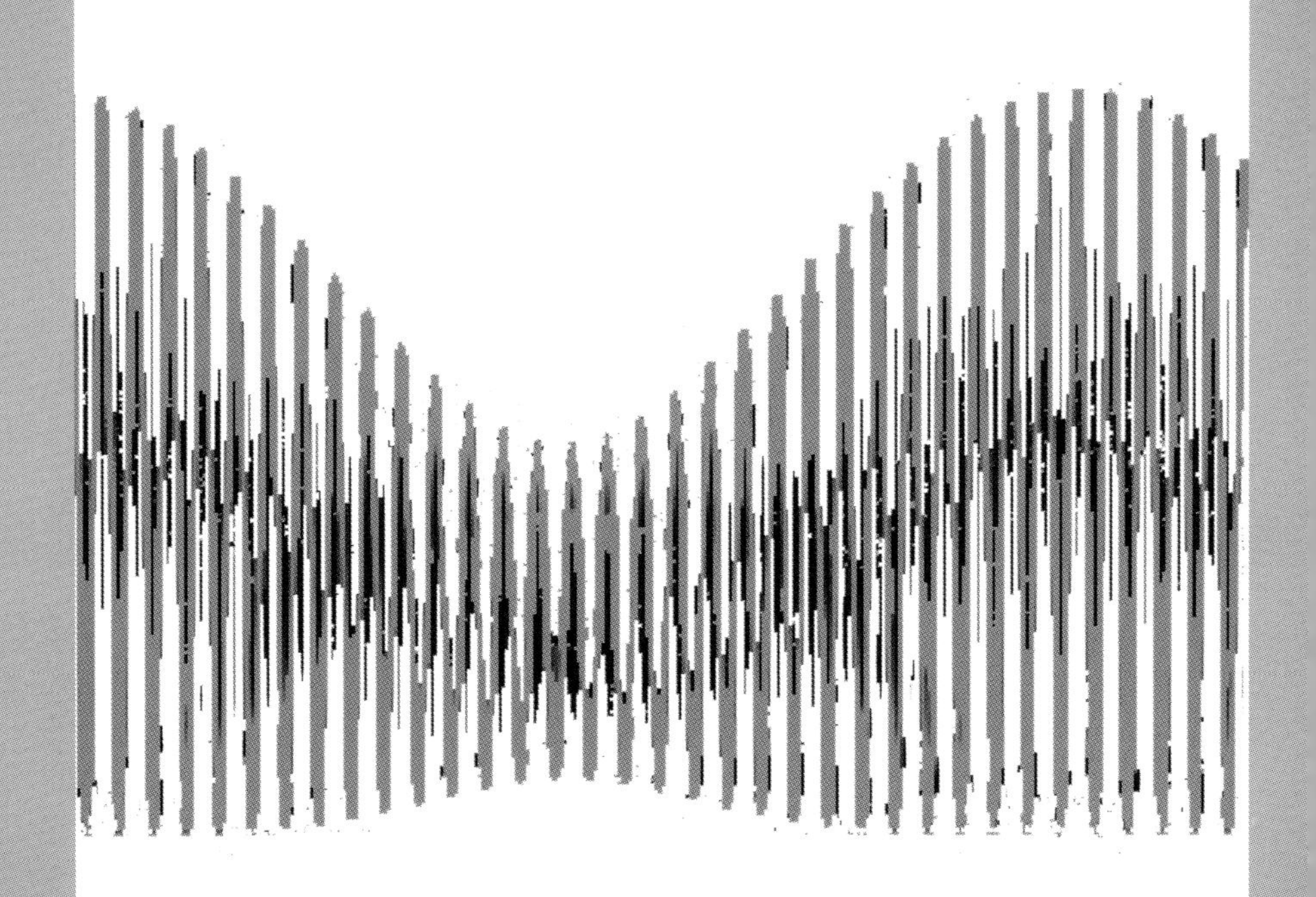

パート5 1

確率

「確率」は人心混乱のもとなり

表が出るか裏が出るか？

ある出来事が〝どれほど起こりやすいか〟を0から1の範囲で示すのが確率だ。0なら決して起こらない、1なら必ず起こる——たいていはその中間だが。

あなたは本当に〝5兆人に1人〟の人間？

その男は自宅で刃渡り20㎝のナイフを振り回していた。通報を受けた警察が急行したが、男は暴れて手をつけられなかった。そこに警察犬カントーがとびかかり、男は取り押さえられた。だがカントーはナイフで切り裂かれて重傷を負った。緊急手術を受けたカントーは幸いにもまもなく回復した——2017年8月にイギリス中西部で起こった事件だ。

逮捕後、警察がこの男の「**DNA鑑定**」を行ったところ、驚くべき事実が明らかになった。男のDNAが1993年に起きた凶悪なレイプ事件の犯人のDNAと一致したのだ。証拠を突きつけられた男はこの事件を自白し、10年6カ月の懲役刑に処せられた。

DNA鑑定は現在では、科学捜査で犯人特定のために用いられる手続きのひとつになっている。DNAとは個人の遺伝情報をもつ分子で、**生物の〝設計図〟**とも呼ばれる。とはいえ人間のDNAは誰しもそんなに違っていない。**人間とチンパンジーでさえたいした違いがない**のだから当然だ。そこでDNA鑑定では、長いDNA分子の中でも個々人による違いが大きな部分を選んで比較する。

近年のDNA鑑定ではその精度はますます向上しており、専門家によれば「4兆7000億分の1の確率」になるという。つまり**遺伝子の〝型〟は5兆近くもあり**、誰の遺伝子型もそれほどにまれ、ということだ。

2019年のいま、地球上で生きている人間は77億人、一方、遺伝子型は約5兆。とすれば、誰でも他人とは異なる自分だけの遺伝子をもつように思われる。まして人口1億2500万人程度の日本国内でまったく同じ遺伝子型をもつ人間などいそうもない。実際メディアもむじゃきにそう報じている。

しかし**これはまったくの幻想**だ。もちろん一卵性双生児の遺伝子は同型だし、また血縁者どうしの結婚（近親婚）の多い一族では、兄弟やいとこの間に同型が出てもおかしくない。ところがこうした例外的事象を除いても、確率が〝5兆分の1の遺伝子型〟は〝5兆人に1人の遺伝子型〟ではないと明言できる。なぜか？

図1

	⚀	⚁	⚂	⚃	⚄	⚅
⚀	2	3	4	5	6	7
⚁	3	4	5	6	7	8
⚂	4	5	6	7	8	9
⚃	5	6	7	8	9	10
⚄	6	7	8	9	10	11
⚅	7	8	9	10	11	12

⬆2個のサイコロを投げたときの目の数の合計は36通り、そのうち7が6通りともっとも多い。全体では6/36（＝1/6）の確率である。

DNAが同じ日本人がほかにもいる？

「確率」という言葉を誰でも日常的に口にする。「夕方から雨が降る確率が高い」とか、「夕方にはあの道は渋滞する確率が高いから別の道を行こう」といったものだ。これは経験や統計的な傾向に現在の状況などを加味した〝**推測による確率**〟、**つまり単なる予想**である。

しかし数学でいう確率はこうした主観的な予想とは異なる。ここで言う**確率は、①起こり得るすべての可能性を数え上げ、②その中で問題にしている可能性の数が占める割**

合、のことである。

たとえばサイコロを2回振ったとき、2回の目の数の合計が7になる確率はどのくらいか？

1個のサイコロの目は1〜6まであるので、2回振れば目の組み合わせは6×6で36通りである。これらのうち、合計7になる目の組み合わせは「1と6」「2と5」「3と4」の3種類。しかし、たとえば「1と6」なら、1回目に1で2回目に6の場合と、1回目は6で2回目が1という2通りがある。「2と5」「3と4」も同じく2通りあるので、合計7になる目の組み合わせは全部で6通りとなり、確率は6／36（＝1／6）と明確である（111ページ**図1**）。

だがDNA鑑定はこれほど単純ではない。「誰かと別の誰かのDNA型が一致するパターン」はいろいろある。2人だけでなく3〜4人が同型になる場合もあれば10人が同型ということもあり得る。その可能性をすべて数え上げることは事実上不可能だ。そこで逆に「誰もが異なるDNA型をもつ場合」を計算する。そして全体からその数を引けば、その残りが「少なくとも1組はDNAが同型になる場合」となる（**下コラム**参照）。

DNAが重ならない確率

DNA型が5兆種類あれば、日本国民のすべてのDNA型は異なるのか？　それを調べるには、全国民1億2500万人のDNAが誰とも重ならない確率を求めなくてはならない。1人目と2人目のDNAが異なる確率、さらに3人目が前の2人と異なる確率というように、1億2500万人分を順にかけ合わせていくのだ（下記の式）。

$$\frac{5兆-1}{5兆}\times\frac{5兆-2}{5兆}\times\frac{5兆-3}{5兆}\times\frac{5兆-4}{5兆}\times\cdots\cdots$$

2人目が1人目と異なる確率　3人目が前の2人と異なる確率　4人目が前の3人と異なる確率　5人目が前の4人と異なる確率

$$\cdots\cdots\cdots\cdots\times\frac{5兆-(1億2500万-1)}{5兆}\fallingdotseq 0$$

実はこの計算の序盤ですでに答は0%に近づく。慶応大学教授の和田俊憲の計算によれば、国民が1/10の1250万人でも全員のDNA型が重ならない確率はわずか0.0001%にすぎない。つまりほぼ100%の確率で誰かしらのDNA型が同一ということになる。

ヒッグス粒子発見の確率？

とはいえ実際のDNA型は5兆近く、これに対して日本人は1億2500万人だというのだから、話はサイコロのようにはいかない。その中でDNA型が重複することなどあり得るのか？

ところが、慶應大学のある教授がこの巨大桁数の計算にチャレンジした。それによると**DNAが重複する確率はほぼ100%だった**——つまり日本人の中では最低1組はDNA型が偶然にも一致するというのだ。これが事実なら、現在のDNA鑑定によって地球上の**すべての人間を特定することは（厳密に言えば）不可能**ということになる。

このことはからずも、確率的現象すなわち**〝ランダム（無作為、でたらめ）〟の本質**を示している。ランダムとはサイコロのあらゆる目がまんべんなく出ることではなく、どの目が出るかサイコロを振る前にはわからないということだ。

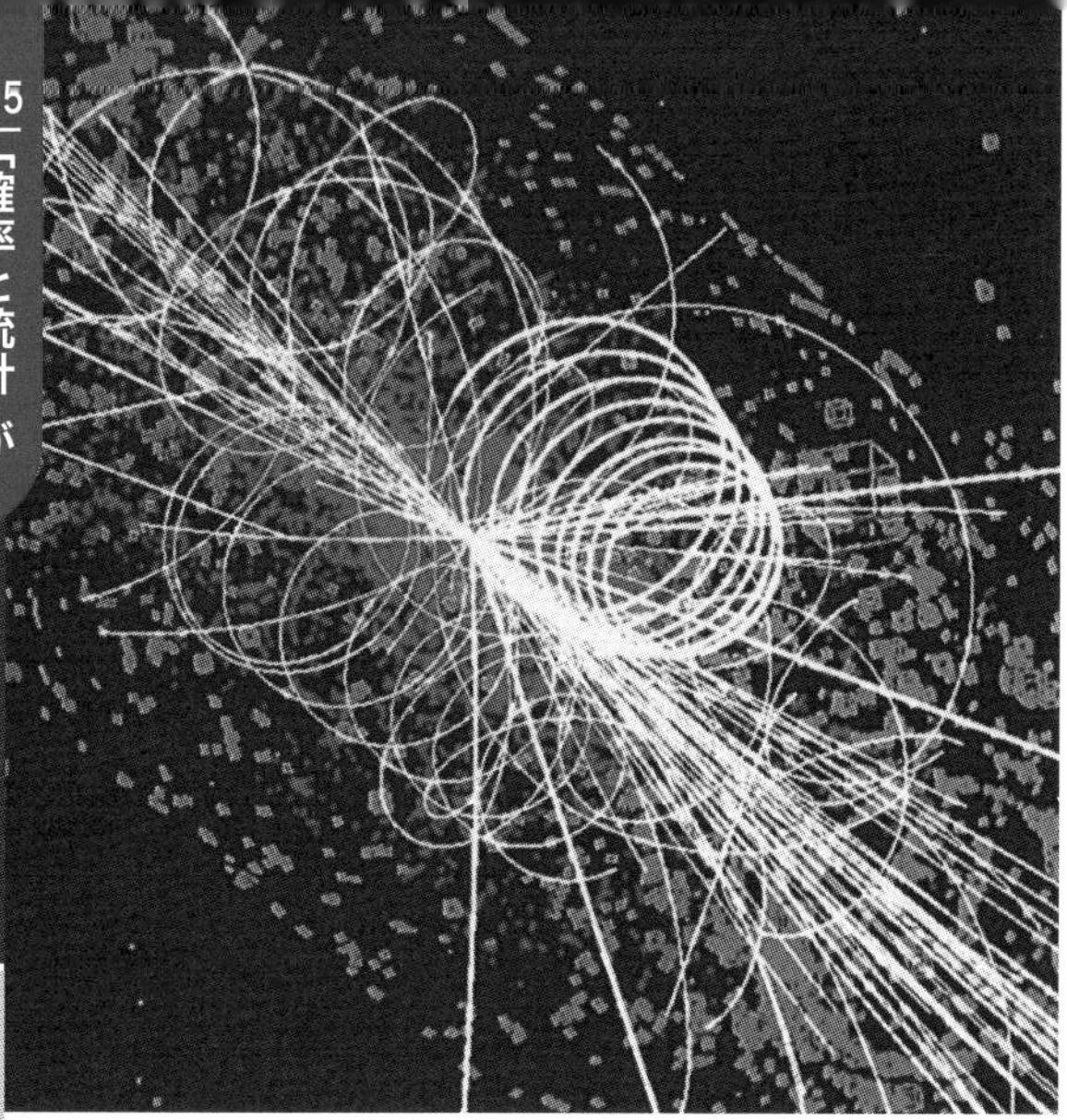

図2 ⬆発見後すみやかにノーベル物理学賞を贈られたヒッグス粒子の“発見”。発見の確率は“5シグマ”——これは「間違いの確率が300万分の1」なのか、数千兆回もの実験の中で「300万分の1の確率で発生する“ノイズ”」なのか？
写真／CERN

逆に言うなら、偶然とされる現象もわれわれが思うほどまれな出来事ではない。たとえば先年発見されたとされる**「ヒッグス粒子」（図2）**にしても、実験結果が真のヒッグスによる信号なのか、それとも偶然が重なってヒッグスに似た信号になったのか容易には見分けられない（理論家や実験家には早々にノーベル賞が贈られたが）。信号がどれほどそれらしくても、それが偶然ではないと証明するには何年も検証を続けなくてはならない。

ゴンボーが入れ込んだ賭け事

確率理論の先駆者はひとりの賭け事師であった。人間の**金銭欲や物欲が発明発見につながることはめずらしくない**が、これもその一例である。

その男は17世紀フランスの物書きでアマチュア数学者のアントワーヌ・ゴンボー（これは一般に流布している説で、本当のパイオニアは8世紀アラブの数学者ともいう）。ゴンボーは貴族の血縁ではないが、筆名にシュバリエ（騎士）をつけて〝メレ卿〟と自称していた。ヨーロッパでは現在でも、由緒ある家系の縁戚を恥ずかしくもなく自称（詐称）する者が少なくない。ドイツ人でフォンというミドルネームを用いる者の多くもそうだ。

　ゴンボーは賭博場に入りびたりで、サイコロゲームで2個の目がどちらも6になるダブルシックスに賭け続けた。2個のサイコロを振って6が揃う確率は1／36。もし24回振るとダブルシックスが出る確率は2／3になるはず――彼の計算では。だがダブルシックスは計算どおりには出ず、賭けで負け続けた。

　これを聞かされた有名な数学者・哲学者**ブレーズ・パスカル**――**「人間は考える葦である」という名言を残し、フランス紙幣の顔にもなった**ゴンボーの知己――はすぐにゴンボーの間違いに気づいた。そして、ゲームを24回続けてダブルシックスが1回も出ない、つまりゴンボーが掛け金を巻き上げられる確率は50％以上だと言った。ゴンボーは怒り狂い、「あいつの計算が間違ってんだ！」とわめき散らした。

　さらにパスカルは、賭け事を途中でやめたときにどのように掛け金を配分するべきかも考えた。この問題は以前から「得点問題」（**図3**）として知られていたが、誰も正答を得られていなかった。そこでパスカルはもうひとりの数学者**ピエール・フェルマー**と手紙をやりとりして、互いにまったく別の方法で正答を導いた。

　彼らはまず、掛け金と各プレーヤーが勝つ確率をかけ合わせることで分配金額が決まると考えた。いまでいう「**期待値**」の見方だ。勝つ確率を求めるには、現在の状況で各プレーヤーが勝つ方法が何通りあるかを求め、ありうるゲーム展開すべての数で割ればよい。

図3 得点問題の例

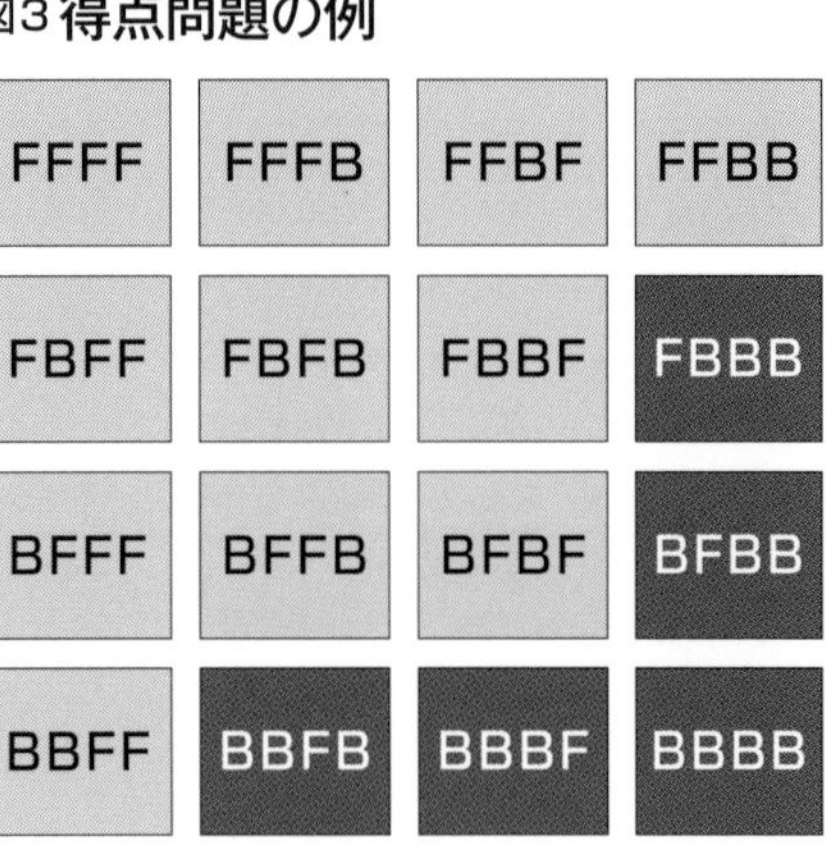

⬆ゲームの途中で最終的に勝つ確率を求めるための“数え上げ”。これはコイン投げを4回残して中断する場合の事例で、たとえばパスカルはあと2回表（F）を出せば勝ち（薄い色）、フェルマーはあと3回裏（B）を出せば勝つとすると、パスカルが勝つ確率は11/16、フェルマーは5/16となる。

図4 ⬇➡クリスティアン・ホイヘンスと確率についての彼の著書（現代版）。数学者が確率への興味を示した最初の事例かもしれない。肖像画／Haags Historische Museum

フェルマーの手法は単純に目の出方が何通りあるかを数えるものだったが、パスカルは代数を使った。求める数をxとかyとかの記号に置き換えて計算するやり方だ。

パスカルはこの手法で、ゲームを1回やるごとに変化する勝率をルール化し、賞金分配の計算式を編み出した。彼はさらにそこから「**不確実な事象の偶然性（チャンス）**」を科学的に証明しようとした。だがパスカルはまもなく不潔なパリで健康を損ねて数学や自然科学への興味を失った。そして乗合馬車屋――現在のバス会社の先駆――を始めたが、39歳であたら稀代の大天才を虚しくしたのだった。

しかし彼が手をつけた**賭け事の偶然性の研究はその後、確率理論の礎となって世界に広がる**ことになる。

賭け事のレベルから数学へ格上げ

彼らの少し後、土星のリングや衛星タイタン、さらにはオリオン大星雲などを発見したオランダの天文学者**クリスティアン・ホイヘンス（図4右）**が、ゴンボーやパスカル、それにフェルマーが交わした手紙の内容を目にした。彼はそこで論じられている賭け事の問題に興味を抱き、『運まかせゲームの計算（英語名「あらゆるチャンスにおける価値」（図4左））』と題する数学書を書いた。チャンスとは**サイコロゲームやカードゲームなどでの勝ち負けの確率**のことで、この本にはさまざまな組み合わせの確率が実にこまごまと書かれている。

物好きの数学者でもなければ決して読まないであろうこのオランダ語の本は1714年に英訳されただけで他言語には訳されていないようなので、書き出しの数行だけを以下に英訳から日本語に訳してみる。

「もっぱら幸運に支配されるゲームでは成功はつねに不確実だが、同時にまた、どの程度勝てそうかは決定論的でもあると見られる。サイコロを投げて最初に6の目が出たときには勝つか負けるかは、まったく不確実である。しかし負ける確率がどのくらいかは決定することつまり簡単に計算することができる、云々かんぬん」

その後、ホイヘンスのこの本に、というよりは〝賭け事で勝つ法〟に刺激されて、いろいろな数学者が確率の研究を始めた。なかでも、確率を欲深な賭け事のレベルから一段高い数学へと引き上げたのが、フランスの天文学者・数学者**ピエール・ラプラス**である。

多くの読者はこの名前に見覚えがあるに違いない。「**ラプラスの悪魔（＝決定論）**」「**ラプラス変換**」「**ラプラスの星雲説**」など、みな彼の名を冠しているからだ。

とりわけ興味深いのはラプラスの悪魔が意味する〝**因果的決定論**〟である。この**世界の未来も読者や筆者の明日の運命もすべて、これまでに起こったことの結果、いわば己の責任として決まっている**、したがって「**ある瞬間の宇宙の原子配列がわかれば未来はすべて計算できる**」というものだ。

この見方は20世紀に登場する量子力学のとりわけ**「コペンハーゲン解釈」**[★1]**なるものとはまったく相容れない**が、どちらが真かは明らかではない。ちなみにアインシュタインの思想はラプラスをそっくり引き継いでいたことになる。

決定論の王者であるラプラスは当然ながら賭け事の確率も決定されていると考え、確率を根本から論じた『確率論の解析理論』なる名著を残した。賭け事でどうしても勝ちたい人は、どれほど苦労してでもこの本を読破してはどうだろうか（高価な邦訳あり。たとえこれを読破しても、イカサマが横行する賭け事には役立たないことは知っておかねばならない）。

こうして確率は他のさまざまな分野に刺激されて理論化され、一方他の数学分野は確率を利用しておのれを発展させた。現在の**遺伝子研究**や**心理学**、**経済学**、**工学などはみな、ラプラスの遺産である確率理論なしには完全無力**である。

★1　コペンハーゲン解釈
量子力学の見方のひとつで、粒子は観測する前には確率で示される複数の〝重ね合わせ状態〟にあるというもの。コペンハーゲンのボーア研究所から発せられたのでこの名があるが、科学の実在論や決定論とは相容れないため、その成否は決着していない。

「明日は雨でしょう」の確率の危うさ

こうして社会のいたるところで用いられるようになった確率だが、同時に確率は、それを用いる人間側の都合で思うがままに誤用、悪用、乱用されることにもなった。

この場合の〝確率〟とは前記した数学でいう確率とは異なり、おもに統計的手法を使った**「統計的確率（経験的確率）」を下敷きにしている。**つまり過去の出来事を統計的に処理し、何かが起こる割合を確率として求める。たとえばある気圧配置のときにはその翌日8割のケースで雨が降ったので、降水確率は80％とする手法だ。また統計に現れた変化がそのまま続くとみなし、それを延長した場合をいくつか想定して〝確率〟を求める例もある。

アメリカ、コロンビア大学教授の数学者マイケル・ハリスはその著書『**技術的解析を用いてだます法**』の中で、確率の誤用の代表的パターンについて書いている。そして**確率が意図的に用いられる典型的パターンとして、「おのれの信念を示すモノサシとしての利用」**をあげる。

実際そのような事例は日々社会に垂れ流されている。あるエコノミストが経済見通しを語るとき、「日銀（日本銀行）の金融緩和によっておそらくインフレが進むだろう」と予測する。ここでの〝おそらく〟は〝確率的に〟をくだいた物言いで、自分が誤っていた場合の逃げを打っているのだが、インフレが進む確率の彼の根拠は日銀の金融緩和だけだ。歴史を見ればインフレはあらゆる理由で進行し得る。彼は自分の個人的見解に客観性を装わせるため日銀の政策を利用しているが、確率の数値はどこにも示されていない。

こういった経済の見通しはたいてい間違って語られるので誰も気にしない。滅多にあたらず、あたってもまぐれである。しかしこれが**科学的、技術的な問題となると、それはしばしば社会をだましてウソの方向に導くことになりかねない。**

確率はやっかいなテーマだ。それは応用数学の一分野としてむじゃきに説明することはできても、人間世界にむじゃきや中立は存在しない。そもそも確率を〝発見〟したのが、常日頃賭け事で安直に金をもうけようとしていたアントワーヌ・ゴンボーなる強欲男だったのだから、いまでも**安易に確率を使いたがる者は、いくらかはゴンボーの末裔かもしれない。**●

「統計」の真実と虚偽

データを大量に集めて分類し、そこから全体の意味を読みとる——それが統計だ。問題は、この数学的手法をどこまで信頼できるものにするかである。

人間社会の3つのウソ

19世紀末のイギリス首相で小説家でもあったベンジャミン・ディズレーリ（**図1**）は、長年の政治経験と小説家としての観察眼から有名な言葉を残した。それは、「**世の中には3つのウソがある。ただのウソとたちの悪いウソ、それに統計と称するウソである**」

ディズレーリのこの言葉に刺激されたアメリカの作家・ジャーナリストのダレル・ハフが『統計でウソをつく法』と題する本を書くと、それはただちに大ベストセラーとなって世界22カ国語に翻訳され、20世紀に書かれた古典となった。この本で著者は、「**統計はそれを作成した者の意図に合わせて自在に操作される**」と書いている。

これは生臭い政治やビジネスの世界に限られた話ではない。公正中立と考えられている科学の世界でも同じだ。科学研究で用いられる統計データも、それを**作成したり用いたりする科学者・研究者の意に沿うように取捨選択され、たくみに〝微調整〟される**ことは少しもめずらしくない。

前記のハフはこう書いている。

「（統計データの）**平均値や関連性、傾向やグラフは必ずしも見た目どおりではない**。そこで目に入ってくるより多くのものがあることも、逆に少ないこともある」

彼は、統計は情報を提供することもあれば人々を誤解さ

図1 ⬆「統計と称するウソ」と述べたディズレーリの若い頃の肖像画。　図／National Trust

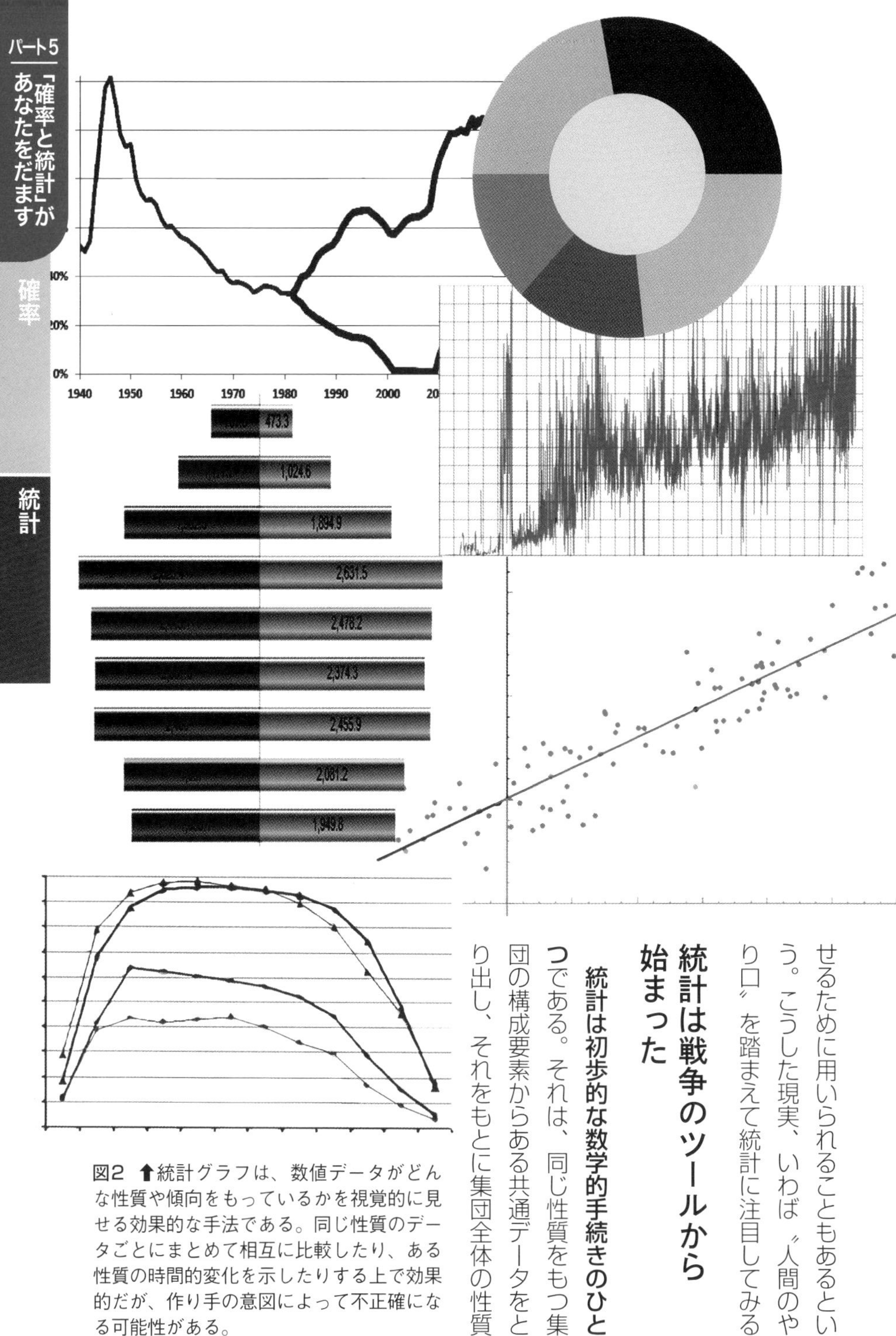

図2 ⬆統計グラフは、数値データがどんな性質や傾向をもっているかを視覚的に見せる効果的な手法である。同じ性質のデータごとにまとめて相互に比較したり、ある性質の時間的変化を示したりする上で効果的だが、作り手の意図によって不正確になる可能性がある。

せるために用いられることもあるという。こうした現実、いわば〝人間のやり口〟を踏まえて統計に注目してみる。

統計は戦争のツールから始まった

統計は初歩的な数学的手続きのひとつである。それは、同じ性質をもつ集団の構成要素からある共通データをとり出し、それをもとに集団全体の性質や傾向を明らかにしようとする。

　統計がさかんに用いられるようになったのは、歴史的にはヨーロッパ中世と見られる。強権の統治者に支配される封建国家どうしが敵の兵力や戦力を把握しようとするとき、必然的に統計が用いられた。もし敵の戦力がはるかに優越していると判明すれば、攻撃は当面中止される。負けるとわかっている戦いは自国の滅亡を招くだけだからだ。

　これは世界のどこにおいても戦略と戦術のツールであった。日本の戦国時代に無数に行われた武家勢力どうしの戦いでも、つねに敵味方の旗本や足軽の人数、刀槍や銃の数、食糧などの荷駄の量が問題になった（**図3**）。

　この手法は近代になると社会現象一般に広がり、**応用数学の一分野である「統計学」を生み出した**（統計に隣接する「確率」も併行して発展した。110ページ参照）。

　現在の社会は、大小あらゆる問題の在りようを統計を用いて把握し表現しようとする。日本人一人あたりの収入や消費、失業率の変化、出生率の将来予測、各国のGDP（国内総生産）と日本のそれの比較――あらゆる物事が日々統計によって把握されている。

　人間社会に限らない。自然界の現象も宇宙の姿も、統計から導かれた推測や仮説によって理解されている。それ以外の客観的手法が見当たらないからだ。現代人は、自分の属する集団や社会から自然界の姿に至るまですべてを統計処理し、その結果の中で自分がおかれている状態や世の中の状況を知ろうとしている。

図3　⬆戦さではつねに両軍の戦力・兵力が統計的に比較された。この絵に描かれた長篠の戦い（1575年）では、織田信長・徳川家康軍（左側）は3万8000人、武田勝頼軍は1万5000人と戦力差が著しかった。
資料／徳川美術館

ランダム・サンプリングはどこまでランダム？

統計データを集める目的は、何らかの調査や研究の基礎資料をつくるためだ。基礎資料とは、ある集団から〝ランダム（無作為）に〟拾い出した共通データのことだ。

このときに問題になるのが〝**ランダム・サンプリング**〟、**つまり無作為抽出の手法**である。これは、データの収集を容易にするために集団全体から少数のサンプル（見本、標本）を拾い出す手法である。無作為なのだから作為を加えてはいけない。統計をつくろうとする者が自分の望む方向に片寄せてサンプルを抽出したり、抽出したデータを何らかの恣意性をもって処理してはならない。これは統計の原理原則だが、人間のやることはつねに疑わしい。

ある教師が、自分の担当するクラスの1年間の成績を統計的に調べようとする。全員の1年分の試験結果をすべて調べるのは物理的に無理なので、ランダム・サンプリングで少数の生徒の成績を拾い出して統計処理する。その結果もし自分のクラスの生徒の平均成績が他クラスのそれより上回れば、自分の指導法の正しさが証明される――

もしこの教師が内心でそう思っていたなら、そこにはすでに統計結果が歪むおそれが潜んでいる。彼の脳内でいくらか成績のよさそうな生徒の成績を優先的に選ぼうとし、他方もっとも成績のよくない生徒たちを〝例外事象〟として無視するかもしれない。例外事象は存在しなかったことにするのだ。その結果、成績の平均値は真の平均値より高くなる。これをグラフ化して発表すれば、彼の指導力はすぐれていることが示される。

これは統計作成者が自ら汚染させたサンプリング、今風

図4 円グラフで一目瞭然

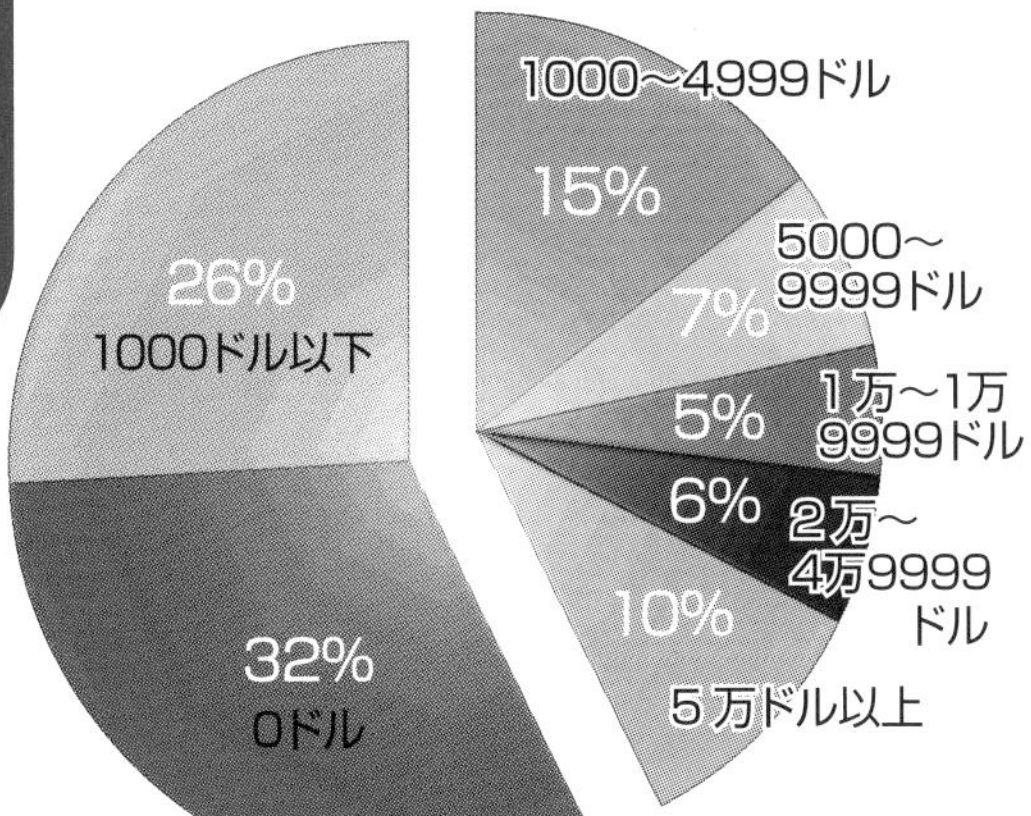

⬆これはアメリカ人の貯蓄額（2018年）を表した円グラフ。3億2000万人の人口の半数以上が貯蓄ゼロまたは1000ドル以下であることがわかる。統計データをグラフ化すると瞬時に大略をつかむことができる。　資料／GoBankingRates

に言うなら〝**フェイク・サンプリング**〟――インチキの無作為抽出――であり、真のランダム・サンプリングが求める**公平中立性がはじめから欠如**している。**ウソ統計はこうして世間に広がる。**

統計の分野ではこうしたデータの恣意的操作は少しもめずらしくない。ある国の国民の平均所得を大きく見せて政府の経済政策の成果を強調し、世界の平均気温が上昇しているように見せて地球温暖化で世界の終末が近づいていると社会を脅して研究予算を引き出す、過去10年間の人口減少データを一次方程式で示してそれを50年先まで単純に伸ばし、「わが国の人口はもうすぐ半減する」と公言して不安を煽り、人口増加策への税金投入を求める――こうした手法は現代社会の日常となっている。

冒頭のイギリス首相ディズレーリが人間社会の3大ウソのひとつに統計をあげたのは、彼自身がベテラン政治家としてウソまみれの統計を長年見つづけ、それを自ら利用して政策論議に利用してきたという自覚があったのであろう。そして政界引退後に多少とも正直になったのだ。

統計のすべてと言いたくはないが、この手法にはつねに、人間の恣意性や我田引水、悪意などが入り込みやすい。アメリカのある統計研究者はこう書いている――「**統計の76%はウソである**」

黒死病の流行が統計の母

統計が本格的に用いられたきっかけは、中世ヨーロッパでくり返された悲惨な出来事にあった。ヨーロッパ大陸とブリテン島（イギリス）のほぼ全域にわたり、途方もないスケールで黒死病（ペスト）が流行し、そのつど何万、何十万人が死んだ。その時代を目撃したイタリアの作家ボッカチオは、「墓地に埋葬しきれないので、大きな壕を掘って船の貨物のように死者を幾段にも積み重ねた」と書いている。流行のひどいときにはヨーロッパ大陸の人口の60%が死んだと見られている（**図5**）。

当時のヨーロッパは衛生環境が非常に悪く、たとえばパリでは人間の糞尿は住居の窓から道路に投げ捨てられ、セーヌ川にはつねに家畜の臓物や血が流れて渦巻いていた。街は汚物の悪臭で満ちていた。当時の医師や科学者もこの伝染病は空気感染すると考え、実際には不潔きわまる飲料水を介して広がっていることに気づかなかった（ちなみに21世紀のいまでも、早朝パリを歩くと、近年の罰金対策もむなしく、いたるところにイヌの糞が落ちている)。
イギリスでも状況は同じで、ペスト禍や伝染病のためにロンドンの人口が半分以下に減ったこともあった。そこで17世紀、国王チャールズ2世はペスト襲来を予測するシステムをつくろうとした。これに応えようとしたのがジョン・グラントという交易商人にしてロンドン市議会議員だった。グラントはロンドンの出生者と死亡者の統計をとって「**死亡表**」を作成し、後に『死亡表についての自然的かつ政治的諸観察』と題する本にまとめた。

図5 ⬆作家ボッカチオの著書に載っている絵。ペストで死んだ人々が何層にも積み重ねられている。

彼はそこで、教会の教区ごとに集められた洗礼と埋葬の記録に着目した。日本でいえば寺の過去帳である。グラントはこれらの記録からロンドンの人口を求めた。全体の出生数から出産可能女性の人数を見積もり、そこから既婚女性の数を推定し、およその所帯数をはじき出したのだ。結果は、所帯の平均家族数は8人、ロンドンの人口は40万人。

だがこの手法は推定につぐ推定で、数値はひどくあいまいだった。そこで彼はいくつかの教区を選び出して実際の所帯数や所帯人数を調べ、その結果とはじめの推定値、実際の死者数などを比較した。また市街地を小さく区切り、1区画の世帯数を数えてもみた。

グラントのこの手法は前記のランダム・サンプリングの始まりであった。厳密にはランダムではないが、抽出したサンプルから全体を推測しようとしたのは、現在にまで引き継がれている統計手法そのものである。

この調査の中で彼は、出生数について興味深い事実を発見した。どの年でも男の出生数が女のそれより多かったのだ。それまで男女の出生数は半々と見られていたが、誤りであった。なぜ男の出生数が多いのか? 彼の結論は、「男は戦争や事故、頻繁に行われる処刑などで死んだり海外の植民地などに出かけることが多いため、女の出生数が少ないことで男女の釣り合いがとれる」というものだった。

「ベル曲線」とは何か？

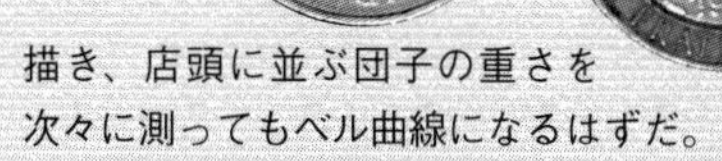

硬貨をポンと投げると表か裏が出る。どちらが出るかは投げてみなくてはわからないが、誰でも確率は表も裏も50％だと思う。では**100回投げたら表裏とも50回ずつ出るのか？** 試しに２枚の硬貨を投げてみた。使った硬貨の１枚はＥＵ誕生前に使われていた１ドイツマルク（上左）、他の１枚はやはりＥＵ誕生前の10フランスフラン（上右）。後者は内側と外側が別の金属でできておりわずかな質量差がありそうだが、硬貨の重心が偏っていて“イカサマ賭博”に使えるほどではない。

50回ずつ投げたところ、マルクは表が24回、裏が26回、フランは表が27回、裏が23回であった。これは現実が確率を裏切ったということか？　そんなことはない。50％とはあくまでもコインを１回投げたときに表が出る確率である。50回投げれば表が25回出る確率は11.2％にすぎない。表が24回出る確率は10.8％、23回出る確率は9.6％と25回出る確率とそれほど変わらない。これらは**50回投げたときに可能性のある裏表すべての組み合わせ（2の50乗通り！）をもとに計算した確率**だ。

表が出る回数の確率を棒グラフにすると、中心が盛り上がって釣り鐘（ベル）のように見える。これをなめらかな曲線に書き換えたものが**「正規分布曲線」**、別名**「ベル曲線」**である。

18世紀ド・モアブルはベル曲線を確率問題をもとに描き、一方19世紀にガウスは、天体観測で得たデータは“真”らしき値のまわりに釣り鐘状に分布することに気づいた。彼はこれが**「誤差」**であると直感した。そこで**統計の正規分布は「ガウス分布」**と呼ばれることになった。**ベル曲線は確率と統計を重ねて現れる曲線**なのだ。

ベル曲線はどこにでも現れる。成人の身長の分布を調べればベル曲線を描き、店頭に並ぶ団子の重さを次々に測ってもベル曲線になるはずだ。

ベル曲線は**統計データのばらつき**を示す。それぞれの測定値が理論値や平均値のまわりにどう分布するかである。ばらつきが大きいとベル曲線はつぶれ、ばらつきが小さいと背の高い曲線になる。この**ばらつきの指標を「標準偏差」と呼ぶ**。

自然現象や社会現象の統計をとったときは、それをベル曲線と比べるのが標準的な手順である。たとえば学校の試験の得点分布は、平均値（得点合計を人数で割った値）のまわりに広がるベル曲線になることが多い。しかし形が対称にならず得点が低い方に傾くこともある。これはテスト問題が難しすぎたか生徒の理解度が不十分だったからかもしれない。またふたこぶ状の分布になったときは、生徒の一部がテスト範囲をまだ習っていなかったためかもしれない。測定値が正規分布からはずれるときは、平均値と**「中央値」（得点順に並べたとき中央に位置する生徒の得点）**が一致しないことが多い。

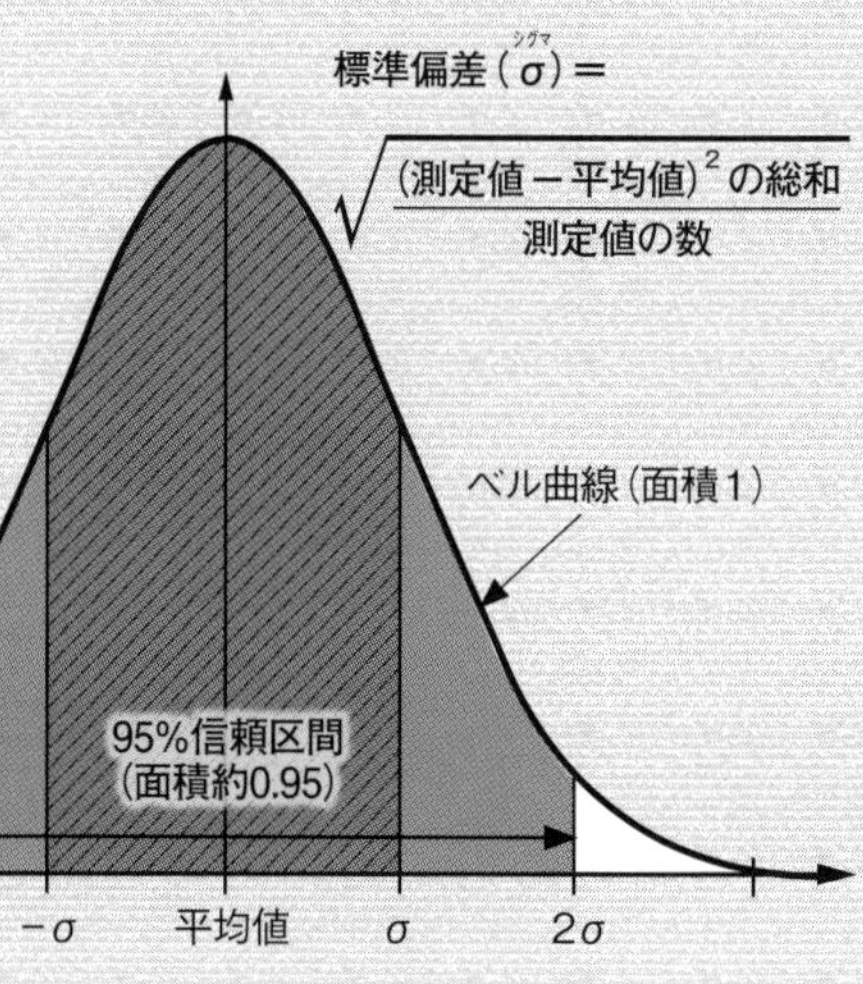

また彼は出生数より死者数がつねに上回っていることにも気づいた。もしそうなら人口は減っていくはずだが、実際には疫病などがないかぎり人口はじりじりと増えていた。これは地方や海外からロンドンに流入する人口のためと見られた。彼はほかにも、伝染病や性病（梅毒）、くる病などによる死者数、各年の死因の変動などを推測した。

グラントの統計と考察は当時の為政者にとっておおいに役立ったが、**後世への影響がもっとも大きかったのが死亡率**であった。彼の考察を見ると、当時ロンドンで生まれた子どものうち6歳まで生きるのは64％、16歳まで成長するのは40％、最初の子どもをもつまで生きるのは25％、56歳まで生きるのはわずか6％であった。きわめて短寿命だ。

死者数については彼の死亡表以前にも世界には多くの記録が存在し、子どもの数を数えた調査票や、徴税のために作られた土地台帳もあった。16世紀に秀吉と石田三成が行った「太閤検地」もその一例である。だが誰もそこで得た数字を統計的に処理したり分析したりはせず、史上はじめてそれを試み、ただの数字の羅列から人々の暮らしや生死を読みとろうとしたのがグラントだったのだ。

ちなみにロンドンは1665年にまたもペストの流行に、翌年にはロンドン大火に見舞われた。火災でまる裸になったグラントはまもなく困窮によって命を失った。

集めたデータをグラフ化する

すでに見たように、単に数字を集めて積み上げても統計にはならない。その数字の山から物事の在りようや傾向、問題点などを抽出しなくては統計をとった意味がない。この作業はいまでは統計分析とか統計処理と呼ばれる。

統計学のＡＢＣは、**集めたデータを分類して〝見える化（グラフ化）〟**することだ。グラフには棒グラフや折れ線グラフ、円グラフなど多種多様なものがある（図2）。

これらのグラフは描かれるとただちに統計データのもつ意味を語り始める。こうしたグラフに聞けば、日本人の収入は年々増えているか否か、日本の人口はいつから減りはじめたか、日本列島の過去1000年の地震発生数はメディアが騒ぐほど増えているのかなどが一目で示される。

われわれの**現代生活は統計なしには成り立たない**。信頼に足る統計がまったく存在しないとは言えないものの、人間の仕事にはつねに恣意性が介在しやすいことを承知の上で、この応用数学を受け止め、利用することになる。●

カール・フリードリヒ・ガウス
Carl Friedrich Gauss

◆1777～1855年◆神聖ローマ帝国（現ドイツ）生まれ

学生時代に誤差についての「最小二乗法」や17角形の作図法を考案した神童。だが大学卒業時は就職難で、見失われた小惑星「ケレス」の位置を数学を駆使して示し、首尾よく名声と職を得た。電磁気学や通信の研究も行う。非ユークリッド幾何学を研究したが、批判を恐れたのか発表しなかった。死後に脳が計量され、際立って深いひだが前頭葉に確認された。

シュリニヴァーサ・ラマヌジャン
Srinivasa Ramanujan

◆1887～1920年◆インド

インド最上級の家系バラモンに生まれた。友人の乗ったタクシーのナンバー1729には3乗数2つの足し算が2通りあると一瞬で看破するなど直感的な数学の能力を示し、“インドの魔術師”と呼ばれた。「擬テータ関数」など数論に関する多数の定理を記したが、本人は十分に証明せず、後世の課題となっている。イギリスで研究したが体調を崩し、インドに戻った半年後32歳で死去。

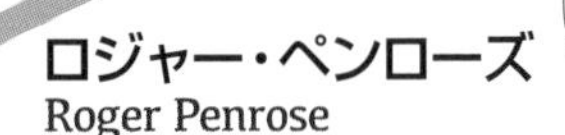

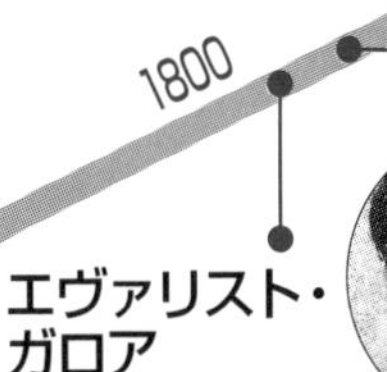

ロジャー・ペンローズ
Roger Penrose

◆1931年～◆イギリス

現代を代表するオクスフォード大学（イギリス）の数学者・理論物理学者。ブラックホールの「特異点定理」（スティーブン・ホーキングと共同）、「ツイスター理論」などを提出したり、「事象の地平線」の存在予言など理論的業績は数十にのぼる。不可能立体「ペンローズの3角形」「ペンローズの階段」「ペンローズ・タイル」などのほか、議論のある「量子脳理論」の提出なども。本書編著者の招聘で来日し京都で講演したこともある。2020年ノーベル物理学賞。

エヴァリスト・ガロア
Évariste Galois

◆1811～1832年◆フランス

学生時代から数学にしか興味を抱かず、攻撃的な問題児と評された。温厚な父は自殺、自身は大学受験に2度失敗した。共和主義者としての過激な活動により後に入った別の大学も追放され、街で騒ぎを起こして逮捕された。20歳で決闘し、ピストルで腹を撃たれて死亡。前日に書いた手紙に「群論」のアイディアを記した。

アラン・チューリング
Alan Turing

◆1912～1954年◆イギリス

第二次世界大戦でドイツ軍の暗号エニグマの解読の中心となる。2進法で論理形式を記し、あらゆる数学的操作を行う自動機械「チューリング・マシン」を考案、コンピューターの概念を築いた。終戦後、同性愛者であると警察にもらし、逮捕。女性ホルモンによる治療を受け、不能・鬱に陥った。青酸カリに浸したリンゴをかじって自殺したとみられる。

ベルンハルト・リーマン
Bernhard Riemann

◆1826～1866年◆ハノーバー王国（現ドイツ）

曲面の幾何学を考案、多次元多様体という概念を提出して宇宙を論じた。これがアインシュタインの一般相対性理論の数学的基礎となった。極度に内気で、学友のリヒャルト・デデキントのみが精神的支えとなった。進路が分かれた後は鬱に苦しみ、肺結核がもとで40歳前に死去。

クルト・ゲーデル Kurt Gödel

◆1906～1978年

◆オーストリア＝ハンガリー帝国（現チェコ）生まれ

数学の公理系（ひとそろいの公理）において真か偽か判定できない命題が必ず存在し、かつ公理系が無矛盾であることを公理系自身で証明できないとする「不完全性定理」を示し、数学が“完全無欠”でないことを示した。後に精神に変調を来し、毒殺されるという妄想から妻の食事しか食べず、妻の死後に精神病院で座ったまま餓死した。

図／Artgate Fondaxzione Cariplo, National Portrate Gallery, F.Lembrez, Christian Albrecht, Cirone Msi, wikipedia

13人の天才数学者

数学の飛躍的進歩に貢献した数学者は少なくない。なかには真に天才的であったり数学以外にまったく反応を示さなかったり、自殺や決闘死や餓死で生涯を終えるなどの多様な人々が含まれる。ここに並ぶ13人の選択基準はおもに数学への貢献度と人間的興味深さである。

レオンハルト・オイラー

Leonhard Euler

◆1707～1783年
◆スイス生まれ

オイラーの名を冠した公式は数知れない。なかでもネイピア数e、虚数i、円周率πを使う「オイラーの等式」は“数学の至宝”と呼ばれる。「ケーニヒスベルクの7本の橋」の研究は変形した図形を同一視する「トポロジー(位相幾何学)」の基礎となった。60代で盲目になった後も数ページにわたる計算を行い、口述により多くの研究をなしとげた。

ブーレーズ・パスカル

Blaise Pascal

◆1623～1662年◆フランス

父の方針で12歳まで数学から遠ざけられたが、自身で3角形の内角の和を見いだして数学を解禁された。虚弱で敬虔なキリスト教徒だったが、一時期は賭場に通い、確率の基礎を身につけた。計算機パスカリーヌを作ったほか、「真空」の存在を確認した。晩年には宗教に回帰し、思索録『パンセ』を残した。

アイザック・ニュートン

Isaac Newton

◆1643～1727年◆イギリス

生まれる前に父が死に、母は2歳で再婚したため、祖母に養育された。裕福な母が大学費用を十分に出さなかったため、給費生としてケンブリッジ大学に通った。力学法則と万有引力の法則を見いだして古典物理学を構築したほか、微分・積分を発明、光学研究でも名を残した。生涯、金に対する不安を抱いたが、晩年には造幣局長官となる。

ピタゴラス

Pythagoras

◆前569頃～前475年頃◆サモス島(イオニア＝現トルコ)

エジプト滞在中に襲撃されてバビロニア王国の虜囚となるが、そこで数学と天文学を学んだ。「三平方の定理」や和音にもとづく音階「ピタゴラス音律」を考案した。優秀な学生を集めた「ピタゴラス教団」は菜食主義のうえ、豆を神聖視して食べなかった。後に戦争に巻き込まれたとき、豆畑をまわり道したために殺されたとも。

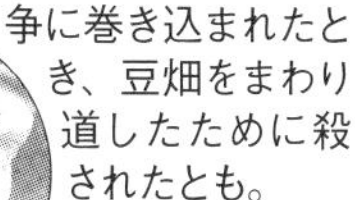

1700

1600

0

関孝和

Takakazu Seki

◆1642頃～1708年
◆日本

甲府藩で勘定役を務めた役人。記号法（傍書法）を工夫し、和算（日本の数学）における代数学の基礎を築いた。円周率を17桁まで求め、数論に関する「ベルヌーイ数」を導く。微分や積分に通じる基礎的問題も解いている。死後、養子の不行状により関家は断絶となったが、弟子たちにより和算の一派「関流」は成長した。

ユークリッド(エウクレイデス)

Euclid (Eukleīdēs)

◆前325頃～前265年頃◆アレクサンドリア（エジプト）

エジプト王に「幾何学に王道はなし」と諭したという伝説の数学者。聖書に次ぐベストセラーとされる平面幾何学の集大成『原論』を執筆したとされるが、数人の仕事の可能性もある。アレクサンドリア大図書館の火災により『原論』の原本は散逸したが、多くの写本が残った。

◉ 執筆
矢沢 潔 *Kiyoshi Yazawa*
科学雑誌編集長などを経て1982年より科学情報グループ矢沢サイエンスオフィス(株)矢沢事務所) 代表。内外の科学者、科学ジャーナリスト、編集者などをネットワーク化し30数年にわたり自然科学、エネルギー、科学哲学、経済学、医学(人間と動物)などに関する情報執筆活動を続ける。オクスフォード大学教授の理論物理学者ロジャー・ペンローズ、アポロ計画時のNASA長官トーマス・ペイン、宇宙大規模構造の発見者ハーバード大学のマーガレット・ゲラー、SF作家ロバート・フォワードなどを講演のため日本に招聘したり、火星の地球化を考察する「テラフォーミング研究会」を主宰し「テラフォーミングレポート」を発行したことも。編著書100冊あまり。これらのうち10数冊は中国、台湾、韓国で翻訳出版されている。

新海裕美子 *Yumiko Shinkai*
東北大学大学院理学研究科修了。1990年より矢沢サイエンスオフィス・スタッフ。科学の全分野とりわけ医学関連の調査・執筆・翻訳のほか各記事の科学的誤謬をチェック。共著に『人類が火星に移住する日』、『ヒッグス粒子と素粒子の世界』、『ノーベル賞の科学』(全4巻)、『薬は体に何をするか』、『宇宙はどのように誕生・進化したのか』(技術評論社)、『次元とはなにか』(ソフトバンククリエイティブ)、『この一冊でiPS細胞が全部わかる』(青春出版社)、『正しく知る放射能』、『よくわかる再生可能エネルギー』、図解シリーズ『確率と統計がよくわかる本』(学研)、『図解相対性理論と量子論』、『図解科学12の大理論』、『図解始まりの科学』、『人体のふしぎ』、『図解科学の理論と定理と法則 決定版』(ワン・パブリッシング)など。

カバーデザイン ◉ **StudioBlade** (鈴木規之)
本文DTP作成 ◉ **Crazy Arrows** (曽根早苗)
イラスト・図版 ◉ 高美恵子、ぐみ沢朱里、沢皇太郎、十里木トラリ、矢沢サイエンスオフィス

【図解】数学の世界

2020年1月21日 第1刷発行
2023年3月25日 第4刷発行

編 著 者◉ 矢沢サイエンスオフィス
発 行 人◉ 松井謙介
編 集 人◉ 長崎 有
企画編集◉ 早川聡子

発 行 所◉ 株式会社 ワン・パブリッシング
〒110-0005 東京都台東区上野3-24-6

印刷・製本所◉ 中央精版印刷株式会社

[この本に関する各種お問い合わせ先]
・本の内容については、下記サイトのお問い合わせフォームよりお願いします。
https://one-publishing.co.jp/contact/
・不良品(落丁、乱丁)については Tel 0570-092555
業務センター 〒354-0045 埼玉県入間郡三芳町上富 279-1
・在庫・注文については書店専用受注センター Tel 0570-000346

★本書は『図解数学の世界』(2020年・学研プラス刊)を一部修正したものです。